新农村住宅建设指南丛书

弘扬中华文明 ／ 建造时代农宅 ／ 展现田园风光 ／ 找回梦里桃源

探索理念为安居

建筑设计

骆中钊　陈超彦　傅国明／编著

中国林业出版社

图书在版编目（CIP）数据

探索理念为安居：建筑设计 / 骆中钊,陈超彦,傅国明编著.
—北京 ：中国林业出版社，2012.10
（新农村住宅建设指南丛书）
ISBN 978-7-5038-6609-8

Ⅰ．①探… Ⅱ．①骆…②陈…③傅… Ⅲ．①农村住宅 –
建筑设计 Ⅳ．①TU241.4

中国版本图书馆 CIP 数据核字（2012）第 097035 号

中国林业出版社·环境园林图书出版中心
责任编辑：何增明 张 华
电话：010 – 83229512 传真：010 – 83286967

出版 中国林业出版社
 （100009 北京西城区刘海胡同 7 号）
E-mail shula5@163.com
网址 http：//lycb. forestry. gov. cn
发行 新华书店北京发行所
印刷 北京卡乐富印刷有限公司
版次 2012 年 10 月第 1 版
印次 2012 年 10 月第 1 次
开本 710mm×1000mm 1/16
印张 11
字数 260 千字

定价 29.00 元

"新农村住宅建设指南"丛书
总前言

　　中共中央十一届三中全会以来，全国农村住宅建设量每年均保持 6.5 亿 m² 的水平递增，房屋质量稳步提高，楼房在当年的新增住宅中所占比例逐步增长。住宅内部设施日益配套，功能趋于合理，内外装修水平提高。一批功能比较完善、设施比较齐全、安全卫生、设计新颖的新型农村住宅相继建设起来。但从总体上来看，由于在相当一段时间里，受城乡二元结构和管理制度差异的影响，对农村住宅的设计、建设和管理的研究缺乏足够的重视和投入。因此，现在全国农村住宅的建设在功能齐备、施工质量以及与自然景观、人文景观、生态环境等相互协调方面，都还有待于进一步完善和提高。

　　当前，有些地方一味追求大面积、楼层高和装饰的"现代化"，也有个别地方认为新农村住宅应该是简陋的傻、大、黑、粗，这些不良的倾向应引起各界的充分重视。我们要从实际出发，加强政策上和技术上的引导，引导农民在完善住宅功能质量和安全上下工夫；要充分考虑我国人多地少的特点，充分发挥村两委的作用，县（市、区）和镇（乡）的管理部门即应加强组织各方面力量给予技术上和管理上的支持引导，以提高广大农民群众建设社会主义新农村的积极性。改革开放 30 多年来，随着农村经济的飞速发展，不少农村已建设了大量的农村住宅，尤其是东南沿海经济比较发达的地区，家家几乎都建了新房。因此，当前最为紧迫的任务，首先应从村庄进行有效的整治规划入手，疏通道路、铺设市政管网、加强环境整治和风貌保护。在新农村住宅的建设上，应从现有住宅的改造入手；对于新建的农村住宅即应引导从分散到适当的集中建设，合理规划、合理布局、合理建设；并应严格控制，尽量少建低层独立式住宅，提倡推广采用并联式、联排式和组合的院落式低层住宅，在具备条件的农村要提倡发展多层公寓式住宅。要引导农民群众了解住宅空间卫生条件的基本要求，合理选择层高和合理间距；要引导农民群众重视人居环境的基本要求，合理布局，选择适合当地特色的建筑造型；要引导农村群众因地制宜，就地取材，选择适当的装修。总之，要引导农村群众统筹考虑农村长远发展及农民个人的利益与需求。还要特别重视自然景观和人文景观等生态环境的保护和建设，以确保农村经济、社会、环境和文化的可持续发展。努力提高农村住宅的功能质量，为广大农民群众创造居住安全舒适、生产方便和整洁清新的家居环境，使我国广大的农村都能建成独具特色、各放异彩的社会主义新农村。

　　2008 年，中国村社发展促进会特色村专业委员会启动了"中国绿色村庄"创建活动，目前全国已经有 32 个村庄被授予"中国绿色村庄",这些"绿色村庄"都是各地创建绿色村、生态文明村、环保村的尖子村,有的已经创建成国家级生态文明村,更有 7 个曾先后被联合国环境规划署授予"全球生态 500 佳"称号。具有很高的先进性和代表性。

我国 9 亿农民在摆脱了温饱问题的长期困扰之后,迫切地要求改善居住条件。随着农村经济体制改革的不断深化,农民的物质和精神文化生活质量有了明显的提高,农村的思想意识、居住形态和生活方式也正在发生根本性的变化。由于新农村住宅具有生活、生产的双重功能,它不仅是农民的居住用房,而且还是农民的生产资料。因此,新农村住宅是农村经济发展、农民生活水平提高的重要标志之一,也是促进农村经济可持续发展的重要因素。

新农村住宅建设是广大农民群众在生活上投资最大、最为关心的一件大事,是"民心工程",也是"德政工程",牵动着各级党政领导和各界人士的心。搞好新农村住宅建设,最为关键的因素在于提高新农村住宅的设计水平。

新农村住宅不同于仅作为生活居住的城市住宅;新农村住宅不是"别墅",也不可能是"别墅";新农村住宅不是"小洋楼",也不应该是"小洋楼"。那些把新农村住宅称为"别墅"、"小洋楼"的仅仅是一种善意的误导。

新农村住宅应该是能适应可持续发展的实用型住宅。它应承上启下,既要适应当前农村生活和生产的需要,又要适应可持续发展的需要。它不仅要包括房屋本身的数量,而且应该把居住生活的改善紧紧地和经济的发展联系在一起,同时还要求必须具备与社会、经济、环境发展相协调的质量。为此,新农村住宅的设计应努力探索适应 21 世纪我国经济发展水平,体现科学技术进步,并能充分体现以现代农村生活、生产为核心的设计思想。农民建房资金来之不易,应努力发挥每平方米建筑面积的作用,尽量为农民群众节省投资,充分体现农民参与精神,创造出环境优美、设施完善、高度文明和具有田园风光的住宅小区,以提高农村居住环境的居住性、舒适性和安全性。推动新农村住宅由小农经济向适应经济发展的住宅组群形态过渡,加速农村现代化的进程。努力吸收地方优秀民居建筑规划设计的成功经验,创造具有地方特色和满足现代生活、生产需要的居住环境。努力开发研究和推广应用适合新农村住宅建设的新技术、新结构、新材料、新产品,提高新农村住宅建设的节地、节能和节材效果,并具有舒适的装修、功能齐全的设备和良好的室内声、光、热、空气环境,以实现新农村住宅设计的灵活性、多样性、适应性和可改性,提高新农村住宅的功能质量,创造温馨的家居环境。

2010 年中央一号文件《中共中央国务院关于加大统筹城乡发展力度,进一步夯实农业农村发展基础的若干意见》中指出:"加快推进农村危房改造和国有林区(场)、垦区棚户区改造,继续实施游牧民定居工程。抓住当前农村建房快速增长和建筑材料供给充裕的时机,把支持农民建房作为扩大内需的重大举措,采取有效措施推动建材下乡,鼓励有条件的地方通过各种形式支持农民依法依规建设自用住房。加强村镇规划,引导农村建设富有地方特点、民族特色、传统风貌的安全节能环保型住房。"

为了适应广大农村群众建房急需技术支持和科学引导的要求,在中国林业出版社的大力支持下,在我 2010 年心脏搭桥术后的休养期间,为了完成总结经验、服务农村的心愿,经过一年多的努力,在适值我国"十二五"规划的第一年,特编著"新农村住宅建设指南"丛书,借

迎接新中国成立 63 周年华诞之际，奉献给广大农民群众。

"新农村住宅建设指南"丛书包括《寻找满意的家——100 个精选方案》、《助您科学建房——15 种施工图》、《探索理念为安居 ——建筑设计》、《能工巧匠聚智慧——建造知识》、《瑰丽家园巧营造——住区规划》和《优化环境创温馨——家居装修》共六册，是一套内容丰富、理念新颖和实用性强的新农村住宅建设知识读物。

"新农村住宅建设指南"丛书的出版，首先要特别感谢福建省住房和城乡建设厅自 1999 年以来开展村镇住宅小区建设试点，为我创造了长期深入农村基层进行实践研究的机会，感谢厅领导的亲切关怀和指导，感谢村镇处同志们常年的支持和密切配合，感谢李雄同志坚持陪同我走遍八闽大地，并在生活上和工作上给予无微不至的关照，感谢福建省各地从事新农村建设的广大基层干部和故乡的广大农民群众对我工作的大力支持和提供很多方便条件，感谢福建省各地的规划院、设计院以及大专院校的专家学者和同行的倾心协助，才使我能够顺利地进行实践研究，并积累了大量新农村住宅建设的一手资料，为斗胆承担"新农村住宅建设指南"丛书的编纂创造条件。同时也要感谢我的太太张惠芳抱病照顾家庭，支持我长年累月外出深入农村，并协助我整理大量书稿。上初中的孙女骆集莹，经常向我提出很多有关新农村建设的疑问，时常促进我去思考和探究，并在电脑操作上给予帮助，也使我在辛勤编纂中深感欣慰。

"新农村住宅建设指南"丛书的编著，得到很多领导、专家学者的支持和帮助，原国家建委农房办公室主任、原建设部村镇建设试点办公室主任、原中国建筑学会村镇建设研究会会长冯华老师给予热情的关切和指导，中国村社发展促进会和很多村庄的村两委以及专家学者都提供了大量的资料，借此一并致以深深地感谢。并欢迎广大设计人员、施工人员、管理人员和农民群众能够提出宝贵的批评意见和建议。

骆中钊
2012 年夏于北京什刹海畔滋善轩

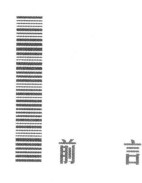

前　言

成书于唐代的《黄帝宅经》指出："凡人所居，无不在宅。""故宅者，人之本。"这里便指出宅为人之根本。

随着农村经济的发展，广大农民在摆脱了温饱的长期困扰之后，迫切要求改善居住条件。为此，人们也就常常以新农村住宅建设的形象来展现社会主义新农村的风采。然而也应该充分地认识到，新农村住宅建设是建设社会主义新农村的一个重要组成部分，它必须根据农村经济的发展水平和农村生活改善的程度加以引导。建设社会主义新农村的主要目标仍在于促进农村的经济发展，只有经济的发展，才能提高农民的生活水平，也才能改善居住条件和环境质量，因此，在建设社会主义新农村中，应该把保护生态环境和发展农村经济放在首要的位置上，才能在此基础上明确发展农村经济对新农村住宅建设的要求，也才能在改善农民居住条件的同时，为发展农村经济创造必要的生产环境，促进农村的经济发展。

新农村住宅的功能具有生活和生产的双重性，新农村住宅是农民从事生产活动的一项重要的生产资料。因此新农村住宅不仅是农村经济发展、农民生活水平提高的重要标志之一，也是促进农村经济可持续发展的重要因素。新农村住宅建设，牵动着我国广大农村群众的心，是一项民心工程，在建设社会主义新农村中有着极为重要的作用。

改革开放的30多年，是我国农村建设发展最为显著的时期，取得了令世人瞩目的成绩。在肯定成绩的同时，也应该看到当前的农村住宅建设仍然存在着分散建设，杂乱无章；大而不当，使用不便；适应性差，反复建设；滥用土地，耗能费材；设施滞后，环境恶劣；质量低劣，影响使用；组织不力，缺乏管理等问题。从而造成"千村一面、新村旧貌"等现象屡见不鲜。这不仅严重地影响到农村的生产和生活居住条件，也造成了环境的污染，制约了农村经济的发展。通过调查研究和深入的分析，可以明显地看到上述现象的症结，乃在于农村住宅建设的规划设计难能进行深入系统的研究，严重缺乏切实的技术支撑。为此，要提高农村住宅的建设水平，关键是提高农村住宅的设计水平。

在长期深入农村基层调查研究的基础上，分析了新农村住宅的发展趋向，提出了由于长期以来，农村优美的自然环境和对外相对封闭的经济形势，使得广大农民对赖以生存的生态环境倍加爱护，十分珍惜大自然赐予的一切。他们吃苦耐劳的精神，传承了中华民族的优良传统，使得农村住宅的居住形态与城市住宅有着很大的不同，其表现在于必须满足居住生活和部分农副业生产的双重功能、多代同居的功能、密切邻里关系的功能以及与大自然互为融合的功能。由此形成了农村住宅独特的厅堂文化、庭院文化和乡土文化。新农村住宅由于使用功能较为复杂，所处的环境贴近自然和各具特色的村落布局，因此具有使用功能的双重性、持续发展的适应性、服务对象的多变性、建造技术的复杂性和地方风貌的独特性五个特点。新农村住宅不同于仅作为居住生活的城市住宅，也是城市住宅所不能比拟的。新农村住宅不是"洋房"，也不可能是"洋房"；新农村住宅更不是"别墅"，也更不可能是"别墅"。新农村住宅应该是农村中以家庭为单位，集居住生活和部分生产活动于一体，并能够适应可持续发展需要的实用型住宅。

本书是"新农村住宅建设指南"丛书中的一册。在书中笔者观点鲜明地指出什么是新农村住宅、新农村住宅的特点以及居住形态和建筑文化，并在介绍新农村住宅分类和功能特点的基础上，分章较为全面、系统地阐述包括平、立、剖面的新农村住宅建筑设计原理和新农村生态住宅设计，专章对新农村住宅建设试点的意义、研究和成果进行探析，同时以"更新观念，提高新农村住宅设计水平"为题，提出弘扬文化、创作特色的必要性，以实例介绍了对传统民居建筑文化的研究成果，分析了当前新农村住宅建设存在的问题及影响因素，强调必须坚持深入基层、认真服务农村的具体措施。

书中内容丰富、理念新颖、图文并茂、通俗易懂，可供从事新农村建设的建筑师、规划师等设计人员、管理人员工作中参考，也可作为大专院校相关专业师生教学参考书。

本书是笔者的经验总结，愿借此奉献给广大农民群众，期望引起共同关注，深入探讨，提高新农村住宅设计水平，为建设社会主义新农村服务。很多领导、专家学者以及广大农民群众对本书的出版给予热情关注和支持，张惠芳、骆伟、陈磊、冯惠玲、李雄、张勃、蒋万东、郭炳南、宋煜等参加了本书的编写，赵文奉同志协助书稿的整理，借此一并致以衷心的感谢。

限于水平，不足之处，敬请广大读者批评指正。

骆中钊

2012 年夏于北京什刹海畔滋善轩

目　录

1 新农村住宅的特点和设计原则

中国几千年的农业文明历史悠久，是自组织、自适应长期积累的产物。周围的自然环境是中国农村生产和发展的基础，聚族而居是中国农村的主体结构。在此基础上形成了不同的历史文脉、人际关系、风俗民情、民族特色和地方风貌等。因此，建设社会主义新农村，要促进农村的现代化，就必须立足于整体，在保护生态环境和传承历史乡土文化规划原则的指导下，做好农村现代化，促进农村经济发展的规划。才能确保农村经济的可持续发展和农民生活的不断提高。并在此基础上，明确发展农村经济对新农村住宅的建设要求，也才能促进农村经济的发展。在改善农民的生活、生产条件、提高环境质量和居住水平的同时，为发展农村经济创造更好的生产环境。

改革开放以来，随着农村经济的发展，广大农民群众在摆脱了温饱的长期困扰之后，迫切要求改善居住条件。为此，人们也时常自觉或不自觉地以新的新农村住宅建设形象来展现社会主义新农村的风采。然而也应该充分认识到，新农村住宅建设是建设社会主义新农村的一个重要组成部分，它必须根据农村经济的发展水平和农民生活的改善程度加以正确引导。

1.1 更新观念，提高新农村住宅建设水平

人的一生至少有1/3以上的时间是在家中度过，人与住宅之间有着极其密切的关系。孟子云："居移气，养移体，大哉居室。"意思是说：摄取有营养的食物，可使一个人身体健康；而居所却足以改变一个人的气质。《黄帝宅经》指出："凡人所居，无不在宅。""故宅者，人之本。人以宅为家，居若安，即家代昌吉。"《子夏》云："人因宅而立，宅因人得存，人宅相扶，感通天地。"《三元经》云："地善即苗茂，宅吉即人荣"。英国前首相丘吉尔也说过："人造房屋，房屋塑造人。"衣、食、住、行为人生四大要素，住宅是人类赖以生存的基本条件之一，其必然成为一个人类关心的永恒主题。我国9亿农民在摆脱了温饱的长期困扰之后，最迫切的需求就是改善居住条件。随着新农村经济体制改革的不断深化，农民的物质和精神文化生活质量有了明显的提高，农民的思想意识、居住形态和生活方式也正在发生根本性的变化。自从有了2000年实现小康生活水平的目标以后，衣、食、住、行中，住的问题更是谈论的焦点。

新农村住宅在我国有着悠久的历史和优良的传统，具有许多鲜明的特点：使用功能既方便生活又有利于家庭副业生产；建筑室内外活动密切相连；空间组合富于变化；建筑选材特别体现了因地制宜，就地取材，因材致用的原则；受气候条件和当地民情风俗以及传统观念的影响较深；施工技术受地方传统工艺的影响较大等。

改革开放以来，我国新农村发生了历史性的变化，新农村经济迅速发展。随着经济改革的不断深化，新农村产业结构也发生了巨大的变化，生产方式和生活方式也随之不断深化，农民的收入不断增加，新建的新农村住宅数量大幅度增加，质量也有很大的提高。旧有的房屋要逐步淘汰，有些富裕的新农村即使新建的新农村住宅，又会感到不适应需要，而要求进行更新改造。总的来看，住宅建设的热潮方兴未艾，一浪高过一浪，不仅在数量上持续增长，而且还会持续相当时期，同时已开始从量变向质变过渡，不管是旧村改造或是新村建设也都开始更多地重视以科学技术来装备，提高住宅的功能质量和人居空间的环境质量。为了适应这种变化，我们应该在调查总结的基础上，认真地对如何提高新农村住宅的功能质量和环境质量进行深入的研究，切实抓好试点，加以引导。

各级领导对新农村住宅建设从抓管理、抓规划到抓试点等各方面都十分重视，从而大大提高了广大干部和群众的规划意识。各地在新农村建设中也都取得了很多可喜的成果和值得推广的经验。但是，由于我国地域辽阔，经济发展水平极不均衡，再加上各地民情风俗的差异，新农村住宅的建设水平相差甚远，更由于新农村住宅建设的资金来源、建设方式等的特殊性，使得对其极难控制。因此，在新农村住宅的建设中尚存在着不少问题有待改进。

1.1.1　存在问题

(1) 分散建设，杂乱无章

尽管各地都根据要求进行了总体规划，但由于种种原因未能按照总体规划进行深入的详细规划，也未能对住区的建设进行修建性的详细规划。再加上长期以来，在新农村住宅建设中，农民拿到批地手续，便自行建造，建设极其分散。尤其在一些经济比较发达的地区、各自为政，任凭缺乏科学知识的民间"风水先生"泛滥，导致住宅建设毫无秩序。甚至在批准的用地范围内，不能多占地就占天，拼命地增加层数，使得住宅间距十分狭小，家家底下一、二层终年不见太阳，入门开灯；户户山墙间距多者 1~2m、少者不足 50cm，成为不便清扫的垃圾场和臭水沟。从而造成犬牙交错、杂乱无章、新房旧貌。

(2) 大而不当，使用不便

正由于住宅建设存在着严重的盲目性，严重缺乏科学技术的支持，再加上互相攀比，因而造成新农村住宅普遍存在着高、大、空的弊端，这在经济比较发达地区尤为严重。不少地方存在着底层养猪、顶层养耗子，中间住人的现象，具体表现在：

①功能不全，空间混杂。

②受结构体系的约束太大，难能适应急剧发展的需要。特别是由于目前多数仍为承重砖混结构体系。各种空间均以承重墙分隔，过于独立，缺乏灵活性和适应性。难能组织各种不同要求的活动空间。

③空间变化少，缺乏生活情趣，家居气息不浓。

④设施不全，给生活带来不便。

⑤平面和空间组织不合理，未能充分利用自然环境。

⑥造型或单调乏味，或矫揉造作。要么简单的堆砌，毫不考虑建筑造型，四周平平的墙面如同炮楼；要么乱抄乱仿，不伦不类，既缺乏乡土气息，又毫无章法。

（3）适应性差，反复建设

由于受结构体系以及人们旧思想意识的影响，对经济发展和科学进步缺乏认识，预见性极差。因此，住宅建设跟不上变化，造成拆了建，建了拆。在经济状况比较好的新农村，不少农民在20年间翻建了3~5次新房，使得本可以用作生产投入和改善生活质量的资金无休止地用于建房。

随着经济的迅速发展，新农村建房的周期不断缩短，既造成资金上的浪费，又影响经济的发展。

（4）滥用土地，耗能费材

由于受种种旧意识观念的影响，一是出现建新房、弃旧房、一户多宅，新农村住宅建设重复占地现象十分严重；二是大量存在"空心村"现象；三是规划设计粗放，出现空闲和荒地，土地资源利用不充分；四是仍然大量沿用实心黏土砖建房，造成大量毁田，耗费能源。

（5）设施不全，环境恶劣

除了一些经济比较发达的地区，在新村建设中能够坚持统一规划、统一建设、统一管理，并由集体投资修建新农村的基础设施外，绝大部分的新农村建设不仅没有解决燃气、电信等现代化的基础设施，甚至连起码的给水、排水、供电都不具备或缺乏，更没有垃圾处理措施。造成道路崎岖，污水四溢，垃圾成堆，蚊蝇猖獗，环境极其恶劣。

（6）质量低劣，影响使用

正因为新农村住宅建设严重缺乏技术支持，广大群众也尚没认识到技术支持的重要性，对设计工作不重视，大量工程都是无证设计、无证施工；即便是有证设计，也由于种种原因而未能真正按照有关标准、规范进行设计。再加上建筑材料和制品质量低劣、建筑施工技术较差，缺乏质量监督。因此，建筑质量一般都较差。在南方不少地方外墙墙厚普遍采用180cm，不但达不到隔热要求，更由于砌筑砖缝难能饱满，造成外墙大量渗水，墙体湿度太大，既影响室内装修，又严重影响使用。

（7）组织不善，缺乏管理

新农村建设管理组织不健全，缺少应有的管理，到处乱拆乱建，而一些新建的农村住区，也由于缺乏管理机构，服务设施不健全；没有维修队伍，环境缺乏维护，致使新住宅旁边乱搭乱建，新房变旧房，绿地变成烂草堆。

（8）增收乏力，制约建设

近年来国家实施了一系列惠民政策，促进新农村发展、农民增收，但由于新农村种养业增收难、产业化带动难、转移性增收难、政策性增收难多种因素的制约，农民增收依然十分困难，从而成为对新农村建设的重大制约。

1.1.2 实践的启示

通过研究和实践发现，只有改变重住宅轻环境、重面积轻质量、重房子轻设施、重现实轻科技、重近期轻远期、重现代轻传统和重建设轻管理等小农经济的旧观念。树立以人为本的思想，注重经济效益，增强科学意识、环境意识、公众意识、超前意识和精品意识，才能用科学的态度和发展的观念来理解和建设社会主义新农村。

多年来的经验教训，已促使各级领导和群众大大地增强了规划设计意识，当前要搞好新农村的住宅建设，摆在我们面前紧迫的关键任务就是必须提高新农村住宅的设计水平，才能适应发展的需要。

由于长期以来忽视了对新农村住宅规划设计的研究，新农村住宅设计方法严重滞后于城市住宅。因此，在新农村住宅设计中更要树立"以人为本"的设计思想，使住宅设计贴近农村的自然环境和广大农民，创造出具有新农村特色的住宅设计精品。

在新农村住宅设计中，应该努力做到：不能只用城市的生活方式来进行设计；不能只用现在的观念来进行设计；不能只用自"我"的观念来进行设计（要深入群众、熟悉群众、理解群众、改变自"我"）；不能只用简陋的技术来进行设计；不能只用模式化进行设计。

总之，只有更新观念，才能做好新农村住宅的设计，才能推进社会主义新农村的建设。

1.2　新农村住宅的特点

1.2.1　什么是新农村住宅

不少媒体和某些干部都乐于把一些农民住宅称之为"别墅"。个别专家、学者甚至称是"别墅型"新农村住宅。"别墅"是一种休闲性的豪华住宅，而新农村住宅是一种兼具生产和生活功能的居住建筑，两者之间有着极大的差别，可以肯定地说，新农村住宅不可能是"别墅"，这只能认为那是一种善意的误导，其后果是造成某些人片面地追求违背广大农民群众意愿、脱离实际的"政绩"和"高水平"。给广大农民群众增加负担和压力，影响农村经济的发展。

还有一些人津津乐道地称农民住宅楼为"小洋楼"。殊不知，农民的住宅楼同样也得考虑到农村生产和生活的需要，我们的农民住宅楼有着自己的功能和地方风貌。这种"小洋楼"的广为宣传，导致所谓的"欧陆风"也侵袭了我国广大的农村，使得我国的传统民居文化精髓遭受严重的摧残。

也还有一些人更是错误地把傻、大、黑、粗，简陋的设计称为新农村住宅，对进行深入探索传统民居建筑文化，具有地方风貌、造型丰富、造价低廉的新农村住宅即视为洪水猛兽，不加分析地称为"洋"，进而大加指责。这种极其错误的思想，导致用简陋的技术进行新农村住宅设计，使得拆了土房盖炮楼，新房旧貌现象十分普遍，其危害必须引起足够的重视。

那么什么才是新农村住宅呢？

新农村住宅是新农村中以家庭为单位，集居住生活和部分生产活动于一体，既要适应当前经济发展水平、生产方式和居住形态的要求，又要适应可持续发展的需要，并具有传统民居建筑风貌和地方特色的过渡型实用农宅。新农村住宅不同于仅作为居住生活的城市住宅，也是城市住宅所不能比拟的；新农村住宅不是"洋房"，也不可能是"洋房"；新农村住宅更不是"别墅"，也更不可能是"别墅"。

1.2.2　新农村住宅的五大特点

新农村住宅由于使用功能较为复杂，所处的环境贴近自然和各具特色的乡土文化，因此具有如下 5 个特点：

(1)使用功能的双重性

我国有 9 亿人口居住在农村，广大的农民群众承担着全部的农业生产以及各种副业、家庭手工业的生产，这其中不少都是利用住宅作为部分生产活动的场所。因此，新农村住宅不仅要有确保农民生活居住的功能空间，还必须考虑很多的功能空间除了都应兼具生活和生产的双重要求外，还应该配置供农机具、谷物等的储藏空间以及室外的晾晒场地和活动场所。比如，庭院是新农村住宅中一个极为重要并富有特色的室外空间，是室内空间的对外延伸。在新农村住宅建设大量推广沼气池中，新农村住宅的平面布置就要求厨房、厕所、猪圈和沼气池要有较为直接、便捷的联系，以方便管线布置和使用。

(2)持续发展的适应性

改革开放以来，农村经济发生了巨大的变化，农民的生活质量不断提高。生产方式、生产关系的急剧变化必然会对居住形态产生影响，这就要求新农村住宅的建设应具有适用性、灵活性和可改性，既要满足当前的需要，又要适应可持续发展的要求。以避免建设周期太短，反复建设劳民伤财。如设置近期可用作农机具、谷物等的储藏间，日后可改为存放汽车的库房。又如把室内功能空间的隔墙尽可能采用非承重墙，以便于功能空间的变化使用。

(3)服务对象的多变性

我国地域广阔，民族众多。即便是在同一个地区，也多因聚族而居的特点，不同的地域、不同的村庄、不同的族性也都有着不同的风俗民情，对于生产方式、生产关系和生活习俗、邻里交往都有着不同的理解、认识和要求，其宗族、邻里关系极为密切，十分重视代际关系。这在新农村住宅的设计中都必须针对服务对象的变化，逐一认真加以解决，以适应各自不同的要求。

(4)设计工作的复杂性

新农村住宅不仅功能复杂，而且建房资金紧张，同时还受自然环境和乡土文化的影响，这就要求新农村住宅的设计必须因地制宜，节约土地；精打细算，使每平方米的建筑面积都能充分发挥应有的作用；就地取材，充分利用地方材料和废旧的建筑材料；采用较为简便和行之有效的施工工艺等。在功能齐全、布局合理和结构安全的基础上，还要求所有的功能空间都有直接的采光和通风。力求节省材料、节约能源、降低造价、创造具有乡土文化特色的新农村住宅，这就使得面积小、层数低，看似简单的新农村住宅显现了设计工作的复杂性。

(5)乡土文化的独特性

新农村住宅，不仅受历史文化、地域文化和乡土文化的影响，同时也还受使用对象对生产、生活的要求不同而有很大的变化，即使在同一个村落，有时也会有所不同。对新农村住宅的各主要功能空间及其布局也有着很多特殊的要求。比如厅堂(堂屋)就不仅必须有较大的面积，还应位居南向的主要入口处，以满足农村家庭举办各种婚丧喜庆活动之所需。这是城市住宅中的客厅和起居厅所不能替代的，必须深入研究，努力弘扬，以创造富有地方风貌的现代新农村住宅，避免"千村一面，百里同貌"。

1.3 新农村住宅的建筑文化与设计原则

1.3.1 新农村住宅的居住形态与建筑文化

农村的自然环境和对外相对封闭的经济形式，使得广大农民对赖以生存的生态环境倍加爱护，十分珍惜自然所赐予的一切，充分利用白天的阳光日出而作，日落而歇，因此，除了田间劳动，在家中也使每一时刻都用在财富的创造之中，这种刻苦耐劳的精神使得新农村住宅的居住形态与城市住宅有着很大的不同，其表现在必须满足居住生活和部分农副业生产的双重功能、多代同居的功能、密切邻里关系的功能以及与大自然互为融合的功能。由此形成了新农村住宅独特的建筑文化，主要包括厅堂文化、庭院文化和乡土文化。

（1）厅堂文化

我国的农村多以聚族而居，宗族的繁衍使得一个个相对独立的小家庭不断涌现，每个家庭又形成了相对独立的经济和社会氛围，新农村住宅的厅堂（或称堂屋）在平面布局中，要求居于中心位置和组织生活的关键所在，是新农村住宅的核心，是起居生活和对外交往的中心。其大门即是新农村住宅组织自然通风、接纳清新空气的"气口"和接送客人的主要位置。为此，厅堂是集对外和内部公共活动于一体的室内功能空间。厅堂的位置都要求居于住宅朝向最好的方位，而大门则需居中布置，以适应各种活动的需要。正对大门的墙壁要求必须是实墙，在日常生活中用以布置展示其宗族亲缘的象征，如天地国亲师的牌位，或所崇拜的伟人、古人和神佛的圣像，或所祈求吉祥如意的中堂（见图1-1），表达尊奉祖先、师拜伟人、祈福求祥的追崇，以其朴实的民情风俗，展现了中华民族祭祖敬祖的优秀传统文化的传承和延伸。而在喜庆中布置红幅，更可烘托喜庆的气氛等，这些形成了新农村住宅独具特色的厅堂文化。厅堂文化在弘扬中华民族优秀传统文化和构建和谐社会中有着极其积极的意义，在新农村住宅设计中必须予以足够的重视。

为了节省用地，除个别用地比较宽松和偏僻的山地外，新农村住宅已由低层楼房替代了传统的平房，但新农村住宅的厅堂依然是人们最为重视的功能空间，传承着平房农村住宅的要求，在面积较大的楼房中新农村住宅厅堂的功能也开始分—一层为厅堂，作为对外的公共活动空间和二层为起居厅作为家庭内部的公共活动空间，有条件的地方还在三层设置活动厅。一层的厅堂其要求仍传承着新农村住宅厅堂的布置要求，只是把对内部活动功能分别安排在二层的起居厅和三层的活动厅。

新农村住宅的厅堂都与庭院有着极为密切的联系，"有厅必有庭"。因此，低层新农村住宅楼层的起居厅、活动厅也要求能够相应与阳台、露台这一楼层的室外活动空间保持密切的联系。

（2）庭院文化

新农村住宅的庭院，不论是有明确以围墙为界的庭院或者是无明确界限的庭院，都是农村优美自然环境和田园风光的延伸，也还是利用阳光进行户外活动和交往的场所，是新农村住宅居住生活和进行部分农副业生产（如晾晒谷物、衣被，贮存农具、谷物，饲养禽畜，种植

"福"字

伟人

天地国亲师

财神

图1-1　村镇住宅厅堂主墙壁的布置

瓜果蔬菜等)之所需，也是农村家庭多代同居老人、小孩和家人进行户外活动以及邻里交往的农村居住生活之必需，同时还是新农村住宅贴近自然、融入自然环境的所在。广大农民群众极为重视户外活动，因此新农村住宅的庭院虽然有前院、后院、侧院和天井内庭之分，但都充分展现了天人合一的居住形态，构成了极富情趣的庭院文化(见图1-2、图1-3)，是当代人崇尚的田园风光和乡村文明之所在，也是新农村住宅设计中应该努力弘扬和发展的重要内容。特别应引起重视的是作为低层农村住宅楼层的阳台和露台也都具有如同地面庭院的功能，其面积也相应较大，并布置在厅的南面。在南方的农村住宅，阳台和露台往往还是培栽盆景和花卉的副业场地或主要的消夏纳凉场所。低层楼房的新农村住宅由于阳台和露台的设置所形成的退台，还可丰富农村住宅的立面造型，使得低层农村住宅与自然环境更好地融为一体。

种植菜蔬　邻里交往　　　　　　　　晾晒谷物　种植菜蔬

堆存谷物　晾晒衣被　　　　　　　　家禽饲养　堆放农具

图1-2　传统农村住宅的庭院

庭院1　　　　　　　　　　　　　　　庭院2

庭院3　　　　　　　　　　　　　　　庭院4

图1-3　现代村镇住宅庭院

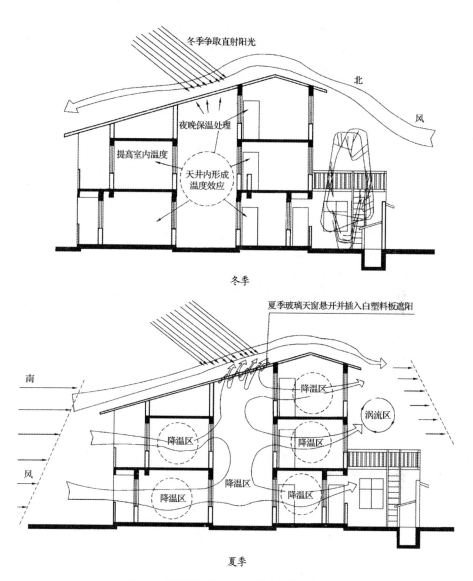

图 1-4 带有可开启活动玻璃屋顶的天井内庭

带有可开启活动玻璃屋顶的天井内庭，不仅是传统民居建筑文化的传承，更是调节居住环境小气候的重要措施（见图1-4），得到学术界的重视和广大群众的欢迎，成为现代新农村住宅庭院文化的亮点。

（3）乡土文化

在我国 960 万 km² 的广袤大地上，居住着信仰多种宗教的中华 56 个民族，在长期的实践中，先民们认识到，人的一切活动要顺应自然的发展，人与自然的和谐相生是人类的永恒追求，也是中华民族崇尚自然的最高境界，以儒、道、释为代表的中国传统文化更是主张和谐统一，也常被称为"和合文化"。

在人与自然的关系上,传统民居和村落遵循传统建筑文化风水学的顺应自然、融入自然、巧妙地利用自然而形成"天趣";在物质与精神关系上,风水学倡导下的中国广大农村在二者关系上也是协调统一的,人们把对皇天后土和各路神明的崇敬与对长寿、富贵、康宁、厚德、善终"五福临门"的追求紧密地结合起来,形成了环境优美贴近自然、民情风俗淳朴真诚、传统风貌鲜明独特和形式别致丰富多彩的乡土文化,具有无限的生命力,成为当代人追崇的热土。

我们必须认真深入地发掘富有中华民族特色的优秀乡土文化,在社会主义新农村的建设中加以弘扬,使其焕发更为璀璨的光芒,创造融入环境、因地制宜、更具独特地方风貌的社会主义新农村。

1.3.2 新农村住宅的设计原则

住宅作为人类日常生活的物质载体,为生活提供了一定的必要客观环境,与千家万户息息相关。住宅的设计直接影响到人的生理和心理需求。通过人类长期的实践,特别是经过依附自然—干预与顺应自然—干预自然—回归自然的认识过程,使人们越来越认识到住宅在生活中的重要作用。住宅文化的研究也随之得到重视。住宅即生活,有什么样的人,就有什么样的生活;有什么样的生活,就有什么样的住宅。家不是作秀的地方,必须自然大方;也不是旅馆,必须可居可玩,可观可聊,要有生活的情趣变化。因此设计住宅也就是设计生活。

随着研究的深入,人们发现住宅对人健康的影响是多层次的。在现代社会中,人们在心理上对健康的需求在很多时候显得比生理上对健康的需求更重要。因此,对家居的内涵也逐渐扩展到了心理和社会需求等方面。也就是对家居环境的要求已经从"无损健康"向"有益健康"的方向发展,从单一倡导改善住宅的声、光、热、水、室内空气质量,逐步向注重住区医疗条件的完善、健身场所的修建、邻里交往模式的改变等方向发展。这与风水学中所推崇的"天人之和"、"人际之和"以及"身心之和"极为契合。

对于住宅的营造,早已引起古人足够的重视,成书于唐代的《黄帝宅经》便在序中指出:"凡人所居,无不在宅"。在总论中又指出:"是以阳不独王,以阴为得。阴不独王,以阳为得。亦如冬以温暖为德,夏以凉冷为德;男以女为德,女以男为德之义。"《易诀》云:阴得阳,如暑得凉,五姓咸和,百事俱昌,所以德位高壮蔼密即吉"。而所指出的"宅有五虚,令人贫耗,五实令人富贵。宅大人少一虚;宅门大内小二虚;墙院不完三虚;井灶不处四虚;宅地多屋少、庭院广五虚。"这些应该引起住宅营造中的足够重视。

风水学作为我国优秀传统建筑文化的重要组成部分,是我国传统建筑的设计理论,是聚落规划、建筑选址和营造的指导思想。其目的在于维护并创造人的现在和未来。这些理念都是建立在我国古代人本主义宇宙观的基础之上,不仅仅是消极地顺应自然,更要求积极地利用自然,自古以来,都发挥了其正面的意义,使得中国人能更好、更坚实地生活在此世,创造最为灿烂的文化。风水学,实际上是融合了多门科学、哲学、美学、伦理学以及宗教、民俗等众多智慧,最终形成内涵丰富、具有综合性的系统性很强的独特文化体系,是一门家居环境文化的学科。住宅作为家居环境的主体,风水学认为住宅应该具有适度的居住面积、充足的采光通风、合理的卫生湿度、必要的寒暖调和、实用的功能布局、可靠的安全措施、和谐的家居环境和优雅的造型装饰等基本要求，与现代提倡的"健康住宅"所指的在生态环境、生活、卫生、立体绿化、自然景观、噪音、建筑和装饰材料、采光、空气流通等方面都必须以人长期居住的健康性为本是极为融合的，因此新农村住宅的设计必须在弘扬优秀传统建筑文化的同时，努力满足社会主义新农村居住生活和生产的需要。

（1）建筑设计的基本原则

建筑设计的基本原则是安全、适用、经济和美观。这对于新农村的住宅设计同样是适合的。

安全，就是指住宅必须具有足够的强度、刚度、抗震性和稳定性，满足防火规范和防灾要求，达到坚固耐久的要求，以保证居民的人身财产安全。

适用，就是方便居住生活，有利于农业生产和经营，适应不同地区、不同民族的生活习惯需要。包括各种功能空间（即房间）的面积大小、院落各组成部分的相互关系以及采光、通风、御寒、隔热和卫生等设施是否满足生活、生产的需要。

经济，就是指住宅建设应该在因地制宜、就地取材的基础上，要合理地布置平面，充分利用室内、室外空间，节约建筑材料，节约用地，节约能源消耗，降低住宅造价。

美观，就是指在安全、适用、经济的原则下，弘扬传统民族文化，力求简洁明快大方，创造与环境相协调，具有地方特色的新型农村住宅。适当注意住宅内外的装饰，给人美的艺术感受。

新农村住宅量大面广。由于使用功能上的要求，与大自然相协调的需要，建设以二、三层为主的低层住宅应是新农村住宅发展的主流，这也是新农村住宅的研究重点。

对于人少地多的东北、西北等地可建设一些与生产紧密结合的平房农宅。而对于向第二、三产业转型的新农村，即应鼓励建设多层的公寓式住宅。

（2）新农村住宅设计的基本原则

①应以满足新农村不同层次的居民家居生活和生产的需求为依据。一切从住户舒适的生活和生产需要出发，充分保证新农村家居文明的实现。

②应能适应当地的居住水平和生产发展的需要，并具有一定的超前意识和可持续发展的需要。

③努力提高新农村住宅的功能质量，合理组织齐全的功能空间并提高其专用程度。实现动静分离、公私分离、洁污分离、食居分离、居寝分离。充分体现出新农村住宅的适居性、舒适性和安全性。

④在充分考虑当地自然条件、民情风俗和居住发展需要的情况下，努力改进结构体系，突破落后的建造技术，以实现新农村住宅设计的灵活性、多样性、适应性和可改性。

⑤各功能空间的设计应为采用按照国家制定的统一模数和各项标准化措施所开发、推广运用的各种家用设备产品创造条件。

⑥新农村住宅的平面布局和立面造型应能反映新农村住宅的特点，并具有地方特点、民族特色、传统风貌和时代气息。

1.3.3　新农村住宅设计的指导思想

(1)努力排除影响居住环境质量的功能空间

居住形态是指为满足人们居住生活行为轨迹所需要的功能及其组合形式。20世纪60年代,日本的西山卯三先生在《住宅的未来》一书中提出"生活社会化结构"理论认为,从建筑历史的演变来看,居住发展是从人类最初作为掩体的单一空间的初级住宅开始,生活的丰富带来了生活空间的复杂化,同时从住宅中排出了许多生活过程,分离成其他建筑,进一步发展又将居住生活许多部分社会化,诞生许多新的设施,从而使居住生活走向"纯化"。然而,近年来,随着科学技术的进步,家庭办公、家庭影院、家庭娱乐、家庭健身等设施的不断涌现,又将使居住生活再次走向"多元化"。但这是一个新的飞跃,它是在以提高居住生活环境质量为前提,在极大程序上是以不影响居住生活质量为条件的,也可以说是不会影响到居住生活的"纯化"。

千百年来,小农经济的生产模式导致我国农村居民的居住形态极其复杂。农村经济体制的改革促使经济飞速发展,农村剩余劳动力的转移,使得广大农民更多地接触到现代科学技术较为集中的城市,因而在观念上有了很大的变化。尤其是农业生产集约化和适度规模经营的推广,使得一些经济比较发达地区的农村住宅已摆脱过去那种独门独院的农业户、庭院经济户、手工业户等亦农亦住、亦工亦住以及把异味熏天的猪圈、鸡窝同住宅组织在一起,严重影响居住环境质量的居住形态。那种猪满圈、鸡满院的杂乱现象已被动人的庭院景观绿化所替代,形成优雅温馨的家居环境。因此,要提高农村住宅的功能质量,使其满足新农村居住水平和生活的需要,只有摆脱小农经济的发展模式,才能获得经济的高速发展,也才能促使思想意识的转变,进而在居住生活中排除那些影响居住环境质量的功能空间。

鉴于各地区各新农村的发展情况极不平衡,当还需要饲养禽畜时,应努力实现一池带三改(即以沼气池带动农村住宅的改厕、改圈和改厨)。在有条件的地方,应统一把禽畜的饲养集中在新农村住宅的下风向。并与住宅小区有防护隔离的地段,设置集中饲养场分户饲养。

(2)充分体现以现代新农村居民生活为核心的设计思想

新农村住宅的设计应符合新农村居民的居住行为特征,突出"以人为核心"的设计原则提倡住户参与精神,一切从住户舒适的生活和生产的需要出发,改变与现代居住文明生活不相适应的旧观念。因此,新农村住宅的设计必须建立在对当地新农村经济发展、居住水平、生产要求、民情风俗等的实态调查和发展趋势进行研究的基础上,才能充分保证家居文明的实现。为此,广大设计人员只有经过熟悉群众、理解群众、尊重群众,在尊重民情风俗的基础上和群众交朋友,才能做好实态调查,才能做出符合当地群众喜爱的设计。在设计中又必须留出较大的灵活性,以便群众参与。这样才能在设计中充分体现以现代新农村居民生活和生产为核心的设计思想。

(3)弘扬传统建筑文化,在继承中创新,在创新中保持特色

举世瞩目的传统民居,无论是平面布局、结构构造,还是造型艺术,都凝聚着我国历代先人们在顺应自然和适度调谐自然的历史长河中的聪明才智和光辉业绩,形成了风格特异的文化特征。作为建筑文化,它不仅受历史上经济和技术的制约,更受到历史上各种文化的影响。我国地域辽阔,民族众多,各地在经济水平、社会条件、自然资源、交通状况和民情风俗上都各不相同。为通风防湿和防御野兽蛇虫为害的傣族竹楼、外墙实多虚少的藏胞碉房、利于抵御寒风和拆装方便的蒙古包以及北京的四合院、安徽的徽州民居、福建东南沿海一带的皇宫式古民居、闽西的土楼等都颇具神韵，各有特色。不仅如此，即便是在同一地区、同一村庄，能工巧匠们也能在统一中创造出很多各具特色的造型。同是起防火作用的封火墙，安徽的、浙江的、江西的、福建的……都各不相同，变化万千。建筑师们在创作中往往把它作为一种表现地方风貌和表现自我的手法，大加渲染。

在新农村住宅的设计时，对于我国灿烂的传统建筑文化，不能仅仅局限于造型上的探讨，还必须考虑到现代的经济条件，运用现代科学技术和从满足现代生活和生产发展的需要出发，从平面布局、空间利用和组织、结构构造、材料运用以及造型艺术等诸多方面努力汲取精华，在继承中创新，在创新中保持特色。因地制宜，突出当地优势和特色。使得每一个地区、每一个新农村乃至每一幢建筑，都能在总体协调的基础上独具风采。

（4）努力改进结构体系，善于运用灵活的轻质隔墙

经济的发展推动着社会进步，也必然促进居住条件和生活环境的改善。新农村住宅必须适应可持续发展的需要，才能适应新农村生产方式和生产关系所发生变化的需要。同时，由于住户的生活习惯各不相同，也应该为住户的参与创造条件。它的设计就要求有灵活性、多样性、适应性和可改性。为此，必须努力改进和突破农村传统落后的建造技术，推广应用和开发研究适用于不同地区的坚固耐用、灵活多变、施工简便的新型新农村住宅结构。目前，有条件的地方可以推广钢筋混凝土框架结构，而仍然采用以砖混结构为主的，也不要把所有的分隔墙都做成承重砖墙，而应该根据建筑布局的特点，尽量布置一些轻质的内隔墙，以便适应变化的要求。外墙应确保保温、隔热的热工计算要求，并为创造良好的室内声、光、热、空气环境质量提供可靠的保证。

（5）必须对新农村住宅的家居装修善加引导

从我们老祖宗在上古时期所留下的壁画来看，他们也很懂得如何在简陋的洞穴里，经营出属于自己和家人的小天地。在文学名著《红楼梦》第四十回中，贾母于薛宝钗住的"蘅芜院"中所叙述的一段话，曾经被印证那时候的中国人，尤其大家贵族对室内摆设已有深刻的认识。

进入 21 世纪，人们的居住条件有了根本改变，随着住宅硬环境的改善，一场家庭装修革命也随之悄然兴起。纵观人们对住宅室内软环境的营造，折射出种种截然不同的心态，在某种意义上说，这也反映了人们的文化素养和心理情趣。

改革开放以来，人们的生活节奏加快了，客观上需要一个良好的居住环境，人们已逐步开始摆脱传统的无需装修的旧观念，而不断追求一种具有时代美感的家居环境。

随着新农村居民收入的增加，家居装修也引起重视。家居装修应以自然、简洁、温馨、高雅为住户提供安全舒适、有利于身体健康和节约空间的居住环境。但由于对新农村居民的装修意识缺乏引导。盲目追求欣赏效果、与人攀比、照搬宾馆饭店的设计和材料。造成了华而不实、档次过高、缺少个性，并且投入资金偏大，侵占室内空间较多，甚至对原有建筑结构的破坏较为严重及使用有毒有害的建筑材料等不良效果。住宅毕竟不是仅仅用来看的，对新农村住宅的家居装修应善加引导，本着经济实用、朴素大方、美观协调、就地取材的原则，充分利用有限资金、面积和空间进行装修，真正地为提高新农村住宅的功能质量，营造温馨的家居环境起到补充和完善的作用。

2

新农村住宅的分类

新农村住宅的建设量大面广，是广大群众最为关心的问题之一。党和各级政府都十分重视新农村住宅的建设，是一项民心工程。当前我国的乡村住宅建设应以二、三层的低层住宅为主，城镇应以多层住宅为主。

新农村住宅的分类大致上可以按住宅的层数、结构形式、庭院的分布形式、平面的组合形式、空间类型以及使用特点等进行分类。

2.1　按住宅的层数分

2.1.1　单层的平房住宅

传统的农村住宅多为平房住宅（见图2-1），随着经济的发展，技术的进步，改善人居环境已成为广大农民群众的迫切要求，但由于受经济条件的制约，近期新农村住宅建设仍应以注重改善传统农村住宅的人居环境为主。在经济条件允许下，为了节约土地，不应提倡平房住宅。只是在一些边远的山区或地多人少的地区，仍然采用单层的平房住宅，但也应有现代化的设计理念。图2-2是为建设社会主义新农村而设计的新农村平房住宅。

2.1.2　低层住宅

三层以下的住宅称为低层住宅，是新农村住宅的主要类型。又可分为二层住宅（见图2-3）或三层住宅（见图2-4）。

2.1.3　多层住宅

六层以下的住宅称为多层住宅，在新农村建设中常用的为4～5层的公寓式住宅（见图2-5）。

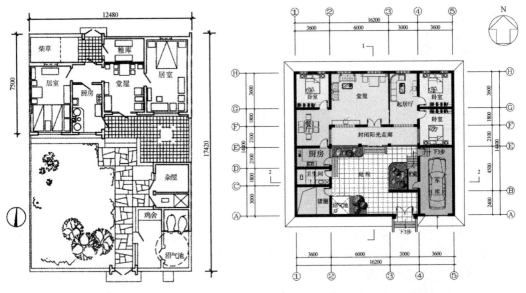

图2-1 传统村镇平房住宅

图2-2 新农村平房住宅

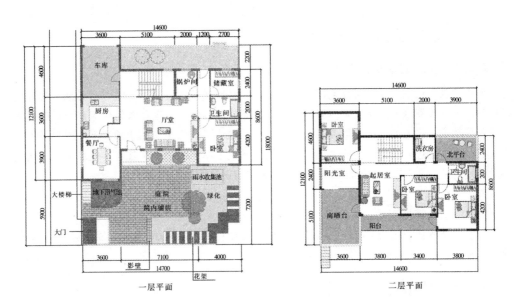

一层平面

二层平面

图2-3 二层新农村住宅

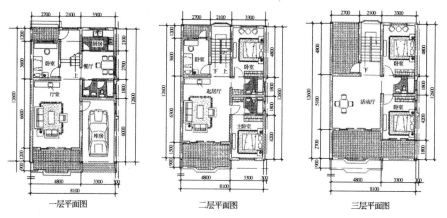

一层平面图　　　　二层平面图　　　　三层平面图

图2-4　三层新农村住宅

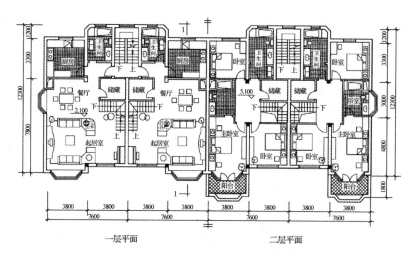

一层平面　　　　　　　　　二层平面

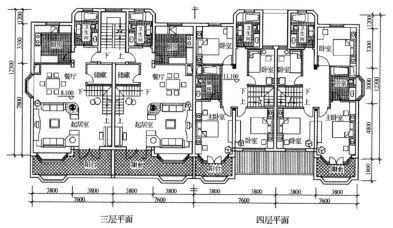

三层平面　　　　　　　　　四层平面

图2-5　四层新农村住宅

2.2　按结构形式分

可用作新农村住宅的结构形式有很多，大致可分为：

2.2.1　木结构与木质结构

木结构和木质结构是以木材和木质材料为主要承重结构和围护结构的建筑。木结构是中国传统民居(尤其是农村住宅)广为采用的主要结构型式[见图2-6(a)]。但由于种种原因森林资源遭到乱砍滥伐，造成水土流失，木材严重奇缺，木结构建筑从20世纪50年代末便开始被严禁使用，而世界各国对木结构建筑的推广应用却十分迅速，尤其是加拿大、美国、新西兰、日本和北欧的一些国家，不仅木结构广为应用，而且十分重视以人工速生林、次生林和木质纤维为主要材料。集成材料的相继问世，使各种作物秸秆的木质材料也得到迅速发展。目前我国在这方面的研究，业已奋起直追，取得了可喜的成果，这将为木质结构的推广应用创造必不可少的基本条件。图2-6(b)是木质结构住宅。木质结构尤其是生物秸秆木质材料结构，由于采用农村中的大量作物秸秆，变废为宝。因此，在新农村住宅中应用具有重要的特殊意义，发展前景看好。

2.2.2　砖木结构

砖木结构是以木构架为承重结构，而以砖为围护结构或者是以砖柱、砖墙承重的木屋架结构，这在传统的民居中应用也十分广泛。

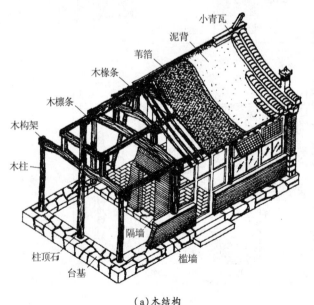

小青瓦
泥背
苇箔
木椽条
木檩条
木构架
木柱
隔墙
柱顶石
台基
槛墙

（a）木结构

（b）木质结构

图2-6　木结构与木质结构

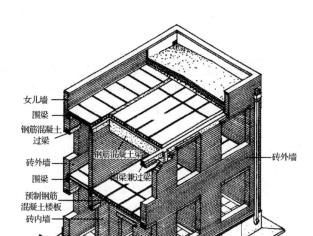

女儿墙
围梁
钢筋混凝土
过梁
砖外墙
围梁
预制钢筋
混凝土楼板
砖内墙

钢筋混凝土梁
围梁兼过梁

砖外墙

基础围梁
砖基础
地面
砖内墙

（a）砖混结构

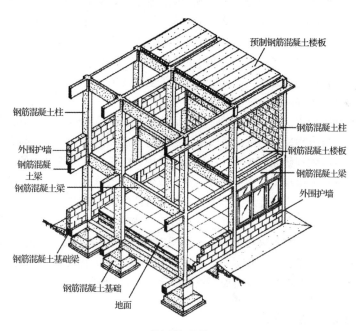

预制钢筋混凝土楼板

钢筋混凝土柱
外围护墙
钢筋混凝
土梁
钢筋混凝土梁

钢筋混凝土柱
钢筋混凝土楼板
钢筋混凝土梁
外围护墙

钢筋混凝土基础梁
钢筋混凝土基础
地面

（b）框架结构

图 2-7　砖混结构与框架结构

2.2.3 砖混结构

砖混结构主要由砖、石和钢筋混凝土组成。其结构由砖(石)墙或柱为垂直承重构件,承受垂直荷载,而用钢筋混凝土做楼板、梁、过梁、屋面等横向(水平)承重构件搁置在砖(石)墙或柱上[见图2-7(a)]。这是目前我国新农村住宅中最为常用的结构型式。

2.2.4 框架结构

框架结构就是由梁柱作为主要构件组成住宅的骨架,它除了上面已单独介绍的木结构和木质结构外,目前在新农村住宅建设中极为常用的还有钢筋混凝土结构[见图2-7(b)]和轻钢结构。

2.3 按庭院的分布形式分

庭院是中国传统民居最富独特魅力的组成部分。乐嘉藻先生早在1933年所撰的《中国建筑史》中便指出:"中国建筑,与欧洲建筑不同,其分类之法亦异。欧洲宅舍,无论间数多少,皆集合而成一体。中国者,则由三间、五间之平屋,合为三合、四合之院落,再由两院、三院合为一所大宅。此布置之不同也。"梁思成先生在所著《中国建筑史》一书中也写道:"庭院是中国古代建筑的灵魂。"庭院也称院落,在中国传统建筑中所处的那种至高无上的地位,源于"天人合一"的哲学思想,体现了作为生土地灵的人对于原生环境的一种依恋和渴求。经济的飞速发展,过度地追求经济效益,造成对生态环境的冷漠和严重破坏,加上宅基地的限制,使得住宅建筑过分强调建筑面积,建筑几乎覆盖了全部的宅基地,不但缺乏了传统建筑中房前屋后的院落空间,天井内院更是被完全忽略和遗弃。

当人们无比痛苦地领受自然报复之时,开始对人类百万年来曾经走过的历程进行反思后,开始认识到必须适宜合理地运用技术手段来到达人与自然和谐共处。建筑师们通过对中国传统民居文化的深入探索和研究,在新农村住宅设计中,纷纷借鉴传统民居的建筑文化,庭院布置受到普遍的重视,出现了或前庭、或后院、或侧院、或前庭后院多种庭院布置形式。近些年来,随着研究的深入,借传统民居中天井内庭对住宅采光和自然通风的改善作用,运用现代技术对天井进行改进,充分利用带有可开启活动玻璃天窗的阳光内庭,使天井内庭能更有效地适应季节的变化,在解决建筑采光、通风、调节温湿度的同时,还能实现建筑节能。

由于各地自然地理条件、气候条件、生活习惯相差较大,因此,合理选择院落的形式,主要应从当地生活特点和习惯加以考虑。一般可分为以下5种形式。

2.3.1 前院式(南院式)

庭院一般布置在住房的南向,优点是避风向阳,适宜家禽、家畜饲养。缺点是生活院与杂物院混在一起,环境卫生条件较差。一般北方地区采用较多,如图2-8。

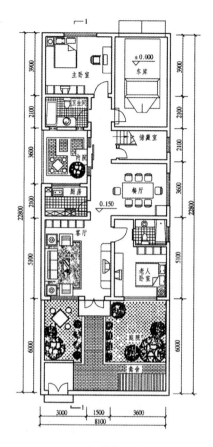

图2-8 前院式住宅

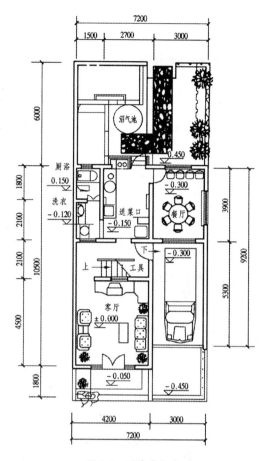

图2-9 后院式住宅

2.3.2 后院式(北院式)

庭院布置在住房的北向,优点是住房朝向好,院落比较隐蔽和阴凉,适宜炎热地区进行家庭副业生产,前后交通方便。缺点是住房易受室外干扰。一般南方地区采用较多,如图2-9所示。

2.3.3 前后院式

庭院被住房分隔为前后两部分,形成生活和杂务活动分开的场所。南向院子多为生活院子,北向院子为杂物和饲养场所。优点是功能分区明确,使用方便、清洁、卫生、安静。一般适合在宅基地宽度较窄、进深较长的住宅基地平面布置中使用,如图2-10所示。

2.3.4 侧院式

庭院被分割成两部分,即生活院和杂物院,一般分别设在住房前面和一侧,构成既分割又连通的空间。优点是功能分区明确,院落净脏分明(如图2-11)。

图 2-10　前后院式住宅

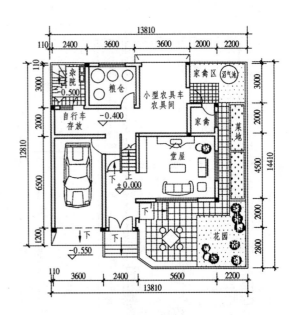

图 2-11　侧院式住宅

2.3.5　天井式（或称内院式、内庭式、中庭式）

将庭院布置在住宅的中间，它可以为住宅的多个功能空间（即房间）引进光线、组织气流、调节小气候，是老人便利的室外活动场地，可以在冬季享受避风的阳光，也是家庭室外半开放的聚会空间，以天井内庭为中心布置各功能空间，除了可以保证各个空间都能有良好的采光和通风外，天井内庭还是住宅内的绿岛，可适当布置"水绿结合"，以达到水绿相互促进，共同调节室内"小气候"的目的，成为住宅内部会呼吸的"肺"。这种汲取传统民居建筑文化的设计手法，越来越得到重视，布置形式和尺寸大小也可根据不同条件和使用要求而变化万千。

2.4　按平面的组合形式分

新农村住宅过去多采用独院式的平面组合形式，伴随着经济改革，我国新农村的低层住宅多采用独立式、并联式和联排式。

2.4.1　独立式

独门独院，建筑四面临空，居住条件安静、舒适、宽敞，但需较大的宅基地，且基础设施配置不便，一般应少量采用，如图 2-12 所示。

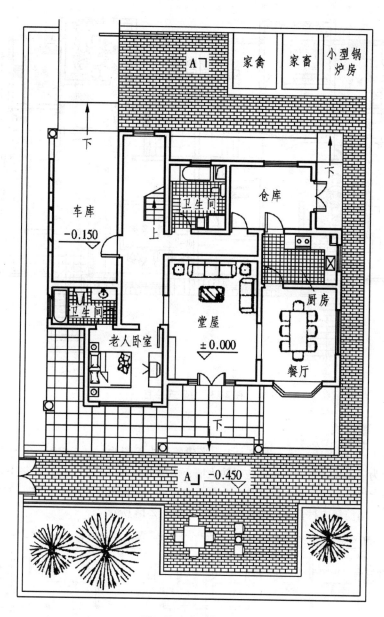

图 2-12 独立式住宅

2.4.2 并联式

由两户并联成一栋房屋。这种布置形式适用于南北向布置，每户可有前后两院，每户均为侧入口，中间山墙可两户合用，基础设施配置方便，对节约建设用地有很大好处，如图 2-13 所示。

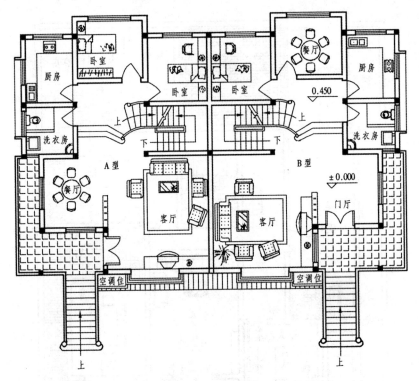

图 2-13　并联式住宅

2.4.3　联排式

　　一般由 3～5 户组成一排，不宜太多，当建筑耐火等级为一、二级时，长度超过 100m，或耐火等级为三级长度超过 80m 时应设防火墙，山墙可合用。室外工程管线集中且节省。这种形式的组合也可有前后院，每排有一个东西向通道，入口为南北两个方向，这种布置方式占地较少，是当前新农村普遍采用的一种形式，如图 2-14 所示。

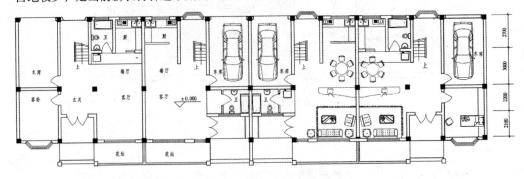

图 2-14　联排式住宅

2.4.4　院落式

院落式是在吸取庭院式传统民居优秀文化的基础上，发展变化而形成的一种新农村住宅平面组合形式。它是联排式与联排式或联排式与并排式（独立式）组合而成的一组带有人车分离庭院的院落式，具有可为若干住户组成一个不受机动车干扰的邻里交往共享空间和便于管理等特点，在新农村建设中颇有推广意义（见图2-15）。

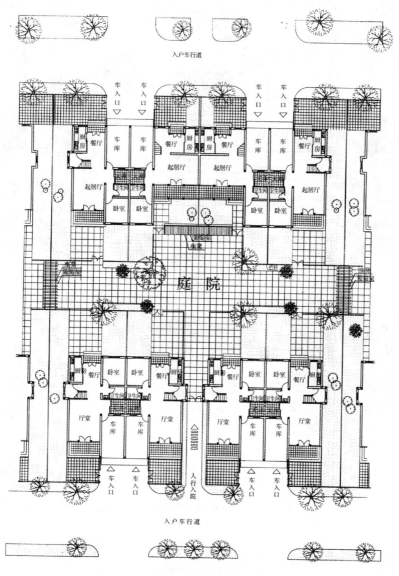

图2-15(a)　联排式与并联式组合的院落

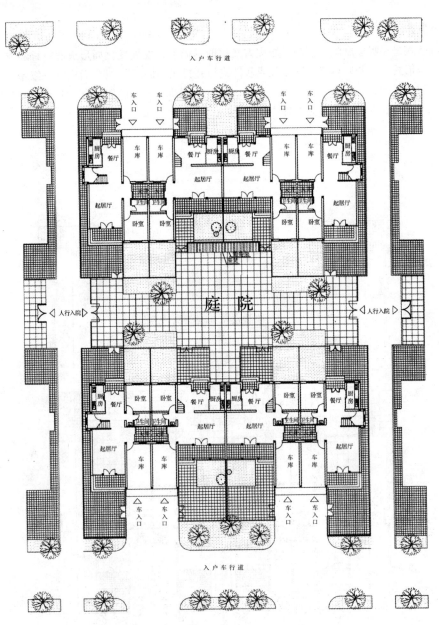

图 2-15(b)　联排式与联排式组合的院落

2.5　按空间类型分

　　为了适应新农村住宅居住生活和生产活动的需要，在设计中按每户空间布局占有的空间进行分类。

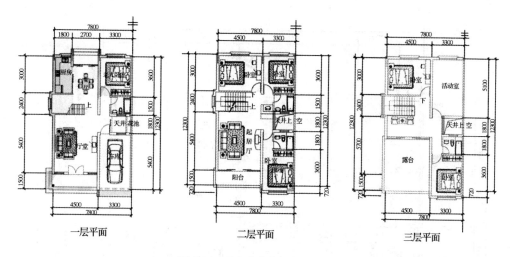

一层平面　　　　　　二层平面　　　　　　三层平面

图 2-16　垂直分户的新农村住宅

2.5.1　垂直分户

垂直分户的住宅一般都是二、三层的低层住宅，每户不仅占有上下二(或三)层的全部空间(也即"有天有地")，而且都是独门独院。垂直分户的新农村住宅具有节约用地和有利于农副业活动为主农户对庭院农机具储存和晾晒谷物等有较大需求的特点。而对于虽然已脱离农业生产的住户，由于传统的民情风俗和生活习惯，也仍然希望居住这种贴近自然，按垂直分户带有庭院的二、三层底层住宅。因此它是新农村住宅的主要形式(如图 2-16)。

2.5.2　水平分户

水平分户的新农村住宅一般有两种形式

(1)水平分户平房住宅

它是每户占据一层的"有天有地"的空间，而且是带有庭院的独门独户的住宅，具有方便生活，便于进行生产活动和接地性良好的特点，但由于占地面积较大。因此应尽量减少采用(如图 2-17)。

(2)水平分户的多层住宅

水平分户的多层住宅一般都是六层以下的公寓式住宅，由公共楼梯间进入，新农村多层住宅常用的是一梯两户，每户占有同一层中的部分水平空间。这种住宅除一层外，二层以上都存在着接地性较差的缺点。因此，在设计时应合理确定阳台的进深和阔度，并处理好公用楼梯以及其与起居厅的关系(如图 2-18)。

2.5.3　跃层分户

采用跃户分户是新农村住宅中的一种新的形式且具有节约用地的特点。一般是用于四层的多层住宅，其中一户占有一、二层的空间，另一户则占有三、四层的空间。这种住宅在设计中为了解决三、四层住户接地性较差的缺点，往往一方面把三、四住户的入户楼梯直接从

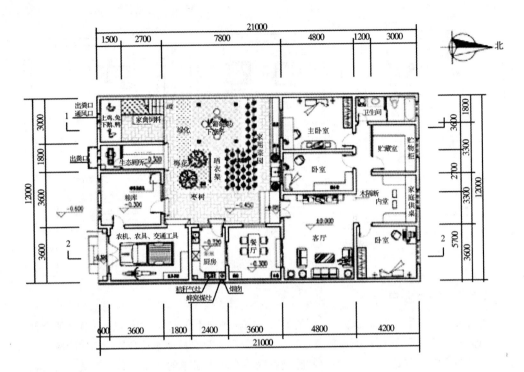

图2-17　水平分户的新农村平房住宅

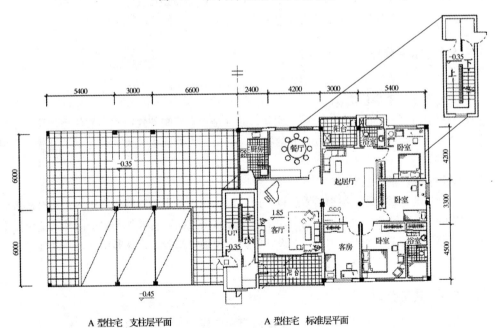

A型住宅　支柱层平面　　　　　A型住宅　标准层平面

图2-18　水平分户的新农村多层住宅

地面开始,并应把入户的公用楼梯与阳台连接,使阳台形成入户庭院,以实现庭院住宅楼层化。另一方面则应努力设法扩大阳台的面积,使其形成露台,以保证三、四层的住户具有较多的户外活动空间(如图2-19)。

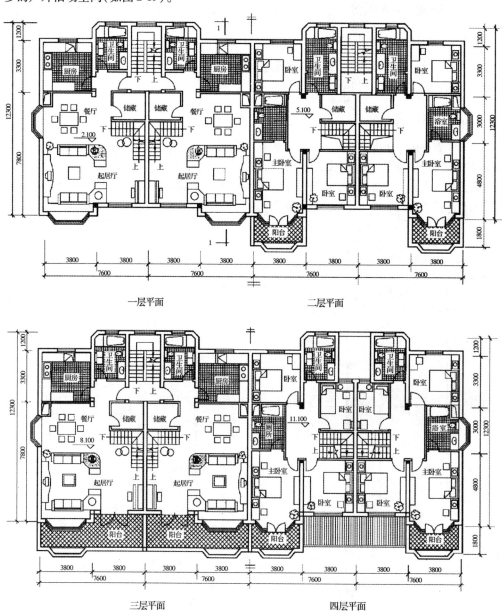

图2-19 跃层分户多层村镇住宅

2.6 按使用特点分

2.6.1 生活、生产型住宅

新农村生活、生产型住宅，它兼顾到新农村农民居住生活和部分生产活动的需要，是我国新农村住宅的主要形式(如图2-20)。

2.6.2 居住型住宅

这是在农业集约化程度较高，农民已基本上脱离了农业生产活动，其住宅基本上以仅需要满足居住生活的要求，但应重视新农村的居住形态仍然是处于农村的大环境之中，因此其不仅应保持与大自然的密切联系，同时还应继承当地的民情风俗和历史文化。这也就使得其与城市住宅仍然存在着不少差距，是不能简单地用城市住宅来替代的(如图2-21)。

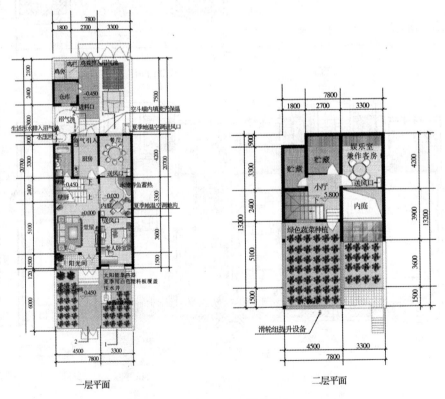

一层平面　　　　　　　　二层平面

图2-20　生活、生产型村镇住宅

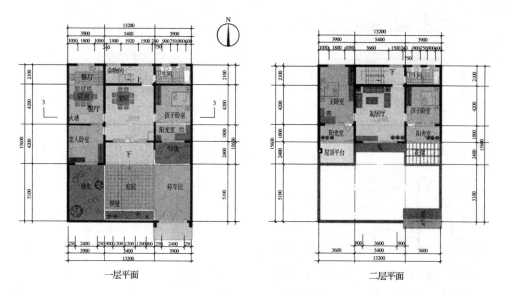

一层平面　　　　　　　　　　二层平面

图 2-21　居住型村镇住宅

2.6.3　代际型住宅

在我国的农村中，爷爷奶奶乐于带孩子，儿女也把赡养老人作为自己的义务。这种共享天伦的传统美德使我国广大农村普遍存在着三代同堂的现象。考虑到老年人和年青人在新形势下对待各种问题，容易出现认识的分歧，因此也容易出现代沟，影响家庭的和睦。因此，代际型住宅也随之应运而生。代际型住宅的处理方法很多，如在垂直分户的新农村住宅中老人住楼下，儿孙住楼上（见图 2-22）。而在水平分户一梯两户的农村住宅中，老人和儿孙各住一边（见图 2-23）。代际型住宅的设计必须特别重视老人和儿孙所居住的空间既有适当合理的分开，又有相互关照的密切联系。

2.6.4　专业户住宅

改革开放给农村注入了新的活力，广大农村百业兴旺，形成了很多专门从事某种农村副业生产的专业户。专业户住宅的设计，除了必须注意满足住户居住生活的需要，还应特别注意做好专业户经营的副业特点进行设计。图 2-24 为养花专业户的设计。

2.6.5　少数民族住宅

我国是一个拥有 56 个民族的国家。其中 55 个少数民族分布在全国各地广大农村。在新农村住宅的设计中，对于少数民族的住宅，除了必须满足其居民生活和生产活动的需要外，还应该特别尊重各少数民族的民族风情和历史文化。图 2-25 为适用于我国台湾原住民居住的新农村住宅。

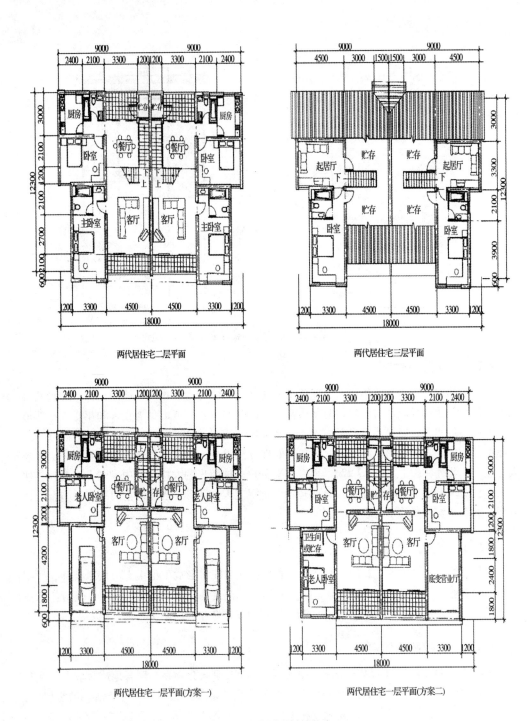

两代居住宅二层平面

两代居住宅三层平面

两代居住宅一层平面(方案一)

两代居住宅一层平面(方案二)

图 2-22　代际型村镇住宅

代际型多层内天井住宅三层平面

代际型多层内天井住宅四层平面

代际型多层内天井住宅一层平面

代际型多层内天井住宅二层平面

图 2-23 水平分户代际型村镇住宅

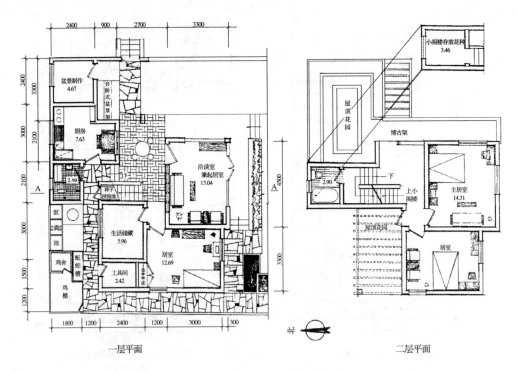

一层平面   北   二层平面

图 2-24 养花专业户村镇住宅

图 2-25 台湾原住民的新农村住宅

3

新农村住宅的功能和各功能空间的特点

3.1 新农村住宅的功能特点

3.1.1 农业与生产上的功能

新农村住宅除了是农业生产收成后的加工处理和储藏场所外，还是农村从事副产业的场地。当今，新农村的各种产业飞快发展，生产方式和生产关系也随之发生变化。因此，必须深入研究，努力满足农业与生产上的多种功能要求。

3.1.2 社交与行为上的功能

新农村住宅是居民睡眠、休息、家人团聚以及接待客人的场所，所以住宅是每一个家庭成员生活行为以及与他人相处等的社交行为所在，它的空间分隔也在一定程度上反映出家庭成员的各种关系，同时还需要满足每个居住者生活上私密性及社交功能的要求。

3.1.3 环境与文化上的功能

新农村住宅室内的居住环境及设备，应能满足居民生理上的需要(如充足的阳光、良好的通风等)及心理上的安全感(如庭院布置、住宅造型等)，也还应该配合当地的地形地貌、自然条件、技术进步及民情风俗等因素来发展，以使住宅及住区的发展能与自然环境融为一体，并延续传统的建筑风格。

3.2 新农村住宅各功能空间的特点

3.2.1 厅堂和起居厅是家庭对外和家庭成员的活动中心

低层住宅中的厅堂(或称堂屋)不论从哪一个角度的标准来衡量，总是一个家庭的首要功能空间。它不仅有着城市住宅中起居厅、客厅的功能，更重要的还在于新农村低层住宅中的厅堂是家庭举行婚丧喜庆的重要场所，它承担着联系内外、沟通宾主的任务，往往是集门厅、祖厅、会客、娱乐（有时还兼餐厅、起居厅）的室内公共活动综合空间。新农村低层住宅厅堂的特殊功能是城市住宅中的客厅和起居厅所不能替代的。在低层住宅中一般应布置在底层南向的主要位置。在设计中应充分尊重当地的民情风俗，注意民间禁忌。同时还应该考虑到今后发展作为客厅的可能，厅堂前应设置门厅或门廊，也可以是有着足够深度的挑檐。

起居厅是现代住宅中主要的功能空间，已成为当今住宅必不可少的生活用房。在新农村低层住宅中，一般把它布置在二层，是家庭成员团聚、视听娱乐等活动的场所，常为人们称为家庭厅。而对于多层公寓式住宅来说，它几乎起着厅堂和起居厅的所有功能，既除家庭成员团聚、视听娱乐等活动外，还兼具会客的功能，设计中还往往又把起居厅和餐厅、杂务、门厅、交通的部分功能结合在一起。

厅堂和起居厅，由于使用时间长、使用人数多，因此不仅要求开敞明亮，有足够的面积和家具布置空间，以便于集中活动，同时还要求与其相连的室外空间（庭院或阳台、露台）都有着较为密切的联系。设计时，应根据不同使用对象和使用要求，布置适当的家具，并保证必要的人体活动空间，以此来确定合宜的尺度和形状。合理布置门窗，以满足朝向、通风、采光及有良好的视野景观等要求。

在《住宅设计规范》GB50096-1999（以下简称《规范》）中要求保证这一空间能直接采光和自然通风，有良好的视野景观，并保证起居室（厅）的面积应在 $12m^2$ 以上，且有一长度不小于3m 的直段实墙面，以保证布置一组沙发和一个相对稳定的角落（如图3-1）。

对于新农村住宅中的厅堂和起居厅来说，更应该强调必须有良好的朝向和视野。充足的光照，其采光口和地面的比例应不小于1/7。厅堂和起居厅宜作成长方形，以便于家具的灵活布置。实践证明，平面的宽度最好不应小于3.9m，深宽比不得大于2。新农村住宅的厅堂，因该根据当地的民情风俗和用户要求进行布置。而起居厅则依需要可分为谈聚休闲区、娱乐区、影视音乐欣赏区，甚至还有非正式餐饮区。当带有餐厅时，餐厅应作相对的独立区域进行布置。但它的动线与家具配置，皆力求视觉上的宽敞感、更多的运动空间及生活居住的气氛，以求高度发挥每个角落的作用，避免过分强调区域划分。厅堂和起居厅均应尽量保留与户外空间（庭院、阳台和露台）的灵活关联，甚至利用户外空间当做实质或视觉上的伸展。加

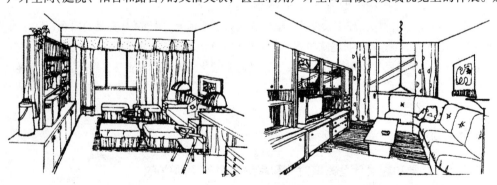

图3-1　起居室的布置

强室内外的联系，扩大视野。因此除正对厅堂大门的后墙外，应扩大窗户的面积，有条件时可适当降低窗台高度，甚至做成落地窗。厅堂的平面布置应采用半包围形或半包围加"L"形，并减少功能空间对着厅堂和起居厅开门（不要超过一个），留有较大的壁面或不被走穿的一角，形成足够摆放家具的稳定空间，以保证有足够的空间布置和使用家具，从而发挥更大的使用效果。

由于厅堂或起居厅的空间比住宅的其他功能空间面积相对较大，因此当条件允许时，还可适当提高其层高，以满足空间的视觉要求。

3.2.2 卧室是住宅内部最重要的功能空间

在生存型居住标准中，卧室几乎是住宅的代表，在城市住宅中它还是户型和分类的重要依据。原始人类挖土筑穴，构木为巢，为的是建筑一个栖身之室，他们平常的活动都在室外，只有睡眠进入室内。随着经济的发展和社会的进步，住宅从生存型逐步向文明型发展。在这个过程中，伴随着卧室的不断纯化和质量的提高，卫生、炊事、用餐、起居等功能逐渐地分出去，住宅开始朝着大厅小卧室的方向发展。但是卧室也不能任意地缩小，卧室的面积大小和平面位置应根据一般卧室（子女用）、主卧室（夫妇用）、老年人卧室等不同的要求分别设置。

卧室的最小面积是根据居住人口、家具尺寸及必要的活动空间来确定的。根据我国人民的生活习惯，卧室常兼有学习的功能，以床、衣柜、写字台为必要的家具，因此其面积不应过小。在《住宅建筑设计规范》中规定，双人卧室的面积不应小于 $10m^2$，单人卧室的面积不应小于 $6m^2$。卧室兼起居时不应小于 $12m^2$，卧室的布置如图 3-2 所示。

卧室是以寝卧活动为主要内容的特定功能空间，寝卧是人类生存发展的重要基础。在新农村住宅中通常设置一至多间卧室，以满足家庭各成员的需要。卧室应能单独使用，不许穿套，以免相互干扰。卧室在睡眠休息的一段时间内，其他活动不能进行，也不能有视线、光线、声音和心理上的干扰。卧室是住宅中私密性、安静性要求最高的功能空间。因此应保证卧室不但与户外自然环境有着直接的采光、通风和景观联系，而且还应采取保证室内基本卫生条件和环境质量的有效措施，使卧室达到浪漫与温馨的和谐。

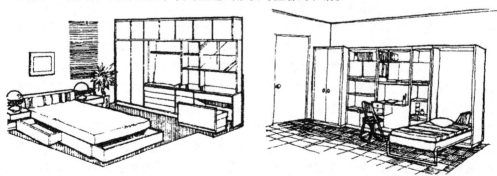

图 3-2 卧室的布置

在设计中卧室应选取较好朝向，规范要求在每套住宅中至少应保证有一间卧室能获得冬至日(或大寒日)满窗日照，并满足通风、采光的基本要求。

现代生活虽然重视群体的和谐关系，然而个人生活必要的自由与尊严也必须维系，因此属于主人私人生活区的主卧室在设计中成为一个极为重要的内容。一般来说主卧室是夫妻居家生活的小天地，除了具有休息、睡眠的功能外，还必须具备休闲活动的功能。它不但必须满足婚姻的共同理想，而且也必须兼顾夫妻双方的个别需要。因此，主卧室显然必须以获得充分的私密性及高度的安宁感为根本基础，个人才能在环境独立和心理安全的维系下，暂且抛开世俗礼规的束缚，以享受真正自由轻松的私人生活乐趣。也才能使主人放松身心，获得适度的解脱，从而提供自我发展、自我平衡的机会。主卧室应布置在住宅朝向最好、视野最美的位置。主卧室不仅必须满足睡眠和休息的基本要求，同时也必须符合于休闲、工作、梳妆更衣和卫生保健等综合需要，因此主卧室必须有足够的面积，它的净宽度不宜小于3m，面积应大于12m²。为了保证上述需要，往往把主卧室和它前面的封闭阳台联系在一起，以作为休闲聚谈、读书看报的区域。主卧室应有独立、设施完善及通风采光良好的卫生间。并且档次比公共卫生间要高，为健身需要也常采用冲浪按摩浴缸。主卧室的卫生间开门和装饰应特别注意避免对卧室的干扰，尤其是对双人床位置的干扰。主卧室还应有较多布置衣橱或衣柜的位置。

老年人的卧室应布置在较为安静、阳光充足、通风良好、便于家人照顾，且对室内公共活动空间和室外私有空间有着较为方便联系的位置。

卧室内应尽量避免摆放有射线危害的家用电器，如电视机、微波炉、计算机等。特别是供孕妇居住的卧室更应引起特别的重视。

3.2.3 餐厅是新农村住宅中的就餐空间和厨房的补充空间

从远古时代茹毛饮血只求果腹的饮食形态，演变到今天讲究餐桌礼仪且重视情调感受的进餐形式。民以食为天，"吃"对中国人来说，一直是凌驾于其他物质方面的享受之上。然而在过去很长的一段时期，餐厅几乎还只是一个空洞的名词，只是随便在厨房或厅堂的角落，临时摆一张桌子，就能狼吞虎咽地吃将起来，此种不合生理卫生与科学观念的落后现象已随着生活水平的提高和住宅面积的扩大而改变。餐厅在现代人的生活中扮演着一个非常重要的角色，不仅供全家人日常共同进餐，更是对外宴请亲朋好友，增进感情与休闲享受的场所，尤其在比较特殊的日子，如逢年过节、生日和宴客等，更显现出它的重要性，因此，餐厅应有良好的直接通风和采光，且有良好的视野环境。常用的餐厅大概可分为与厨房合并的餐厅、与厅堂(或起居厅)合并的餐厅和独立餐厅等三种。依据动线的流畅性，餐厅的位置以邻近厨房，并靠近厅堂(或起居厅)最为恰当，将用餐区域安排在厨房与厅堂之间最为有利，它可以缩短膳食供应和就座进餐的行走路线。对于新农村住宅来说，设立独立式餐厅更显得十分必要，它除了便于对厨房的面积和功能起补充作用而不至于直接置于厅堂(或起居厅)之中外，对于低层住宅来说，还有利于组织厨房的对外联系。与厨房合并的餐厅最好不要使两个不同功能的空间直接邻接，能以密闭式的隔橱或出菜口等形式来隔间，使厨房设备与活动不至于直接暴露在餐厅之中。与厅堂(或起居厅)合并的餐厅则可以采取较为灵活的处理，无论是密

图 3-3 餐厅的布置

闭式的橱柜、半开放式的橱柜或屏风，以及象征性的矮橱或半腰花台，乃至于开放式的处理等，皆各有其特色，应由住户根据个人喜好来抉择。

餐厅是一家人就餐的场所，家具设备一般有餐桌、餐柜及冰箱等。其面积大小主要取决于家庭人口的多少，一般不宜小于 $8m^2$。在住宅水平日益提高的情况下，餐厅空间应尽可能独立出来，以使各空间功能合理、整洁有序。厨房按炊事操作流程布置，一般应设有白陶瓷或不锈钢制的洗涤水池、贴瓷砖面或不锈钢面的操作案台和调理台、固定式碗橱或木质吊柜。适当考虑安排冰箱位置。有条件时，宜在厨房同时配备包含炉灶、排烟罩、洗池、橱柜等多种功能的组合成套厨具（如图 3-3）。

一般小型餐厅的平面尺寸为 $3m \times 3.6m$，可容纳一张餐桌、四把餐椅；中型餐厅的平面尺寸为 $3.6m \times 4.5m$，足以设一张餐桌，$6 \sim 8$ 把餐椅。较大型餐厅的平面尺寸则应在 $3.6m \times 4.5m$ 以上。

3.2.4 厨房、卫生间是住宅的心脏，是居住文明的重要体现

厨房、卫生间的配置水平是一个国家建筑水平的标志之一。厨房、卫生间是住宅的能源中心和污染源。住宅中产生的余热余湿和有害气体主要来源于厨房和卫生间。有资料表明：一个四口之家的厨房、卫生间的产湿量为 7.1kg/天，占住宅产湿总量的 70%。每天燃烧所产生的为二氧化碳 $2.4m^3$，住宅内的二氧化碳和一氧化碳均来源于厨房和卫生间。因此，厨房、卫生间的设计是居住文明的重要组成部分，应以实现小康居住水平为设计目标。

（1）厨房

把厨房视为一个家庭核心的观念自古就有，厨房是家庭工作量最大的地方，也是每个家庭成员都必须逗留的场所。然而过去乌黑呛人的油烟和杂乱的锅碗瓢盆曾经一度代表了厨房的形象，而清洁和平整则代表了现代厨房的特征。尽管从柴薪、煤炭到煤气、电力，从需要刮灰的黑锅、炉灶到锃亮耀眼的不锈钢餐具、厨具，从烟囱到排油烟机。厨房的设备和燃料改变了，但是只要烹调方式仍不改煎、炒、煮、炸，也就离不开油烟、湿气，也躲不掉噪声。

因此厨房的设计就必须引起足够的重视。随着人们居住观念的不断更新，现在人们对厨房的理解和要求也就更多了。但其最为重要的还是实用性，厨房的设计应努力做到卫生与方便的统一。

新农村住宅的厨房一般均应布置在住宅北面（或东、西侧）紧靠餐厅的位置。对于低层住宅来说还应该布置在一层，并有直接（或通过餐厅）通往室外的出入口，以方便生活组织和密切邻里关系，同时还应考虑与后院以及牲畜圈舍、沼气池的关系。在设计中应改变旧有观念。注意排烟通风和良好的采光，并应有足够的面积，以便合理有序地布置厨具设备和设施，形成一个洁净、卫生、设备齐全的炊务空间。

厨房虽是户内辅助房间，但它对住宅的功能与质量起着关键作用。由于人们在厨房中活动时间较长，且家务劳动大部分是在厨房中进行的，厨房的家具设备布置及活动空间的安排在住宅设计中尤为重要。尤其是在居住水平提高的情况下，设备、设施水平也正在提高，厨房的面积逐渐增大。厨房应设置洗涤池、案台、炉灶及排油烟机等设施，设计中应按"洗、切、烧"的操作流程布置，并应保证操作面连续排列的最小长度。厨房应有直接对外的采光和通风口，以保证基本的操作环境需要。在住宅设计中，厨房宜布置在靠近入口处以有利于管线布置和垃圾清运，这也是住宅设计时达到洁污分离的重要保证。

厨房面积的大小一般是根据厨房设备操作空间及燃料情况确定的。《住宅设计规范》规定：采用管道煤气、液化石油气为燃料的厨房面积不应小于 $3.50m^2$；以加工煤为燃料的厨房面积不应小于 $4.00m^2$；以原煤为燃料的厨房面积不应小于 $4.5m^2$；以薪柴为燃料的厨房面积不应小于 $6.0m^2$。

厨房的形式可分为封闭式、开放式和半封闭式 3 种：

①封闭式厨房。现在大多数厨房仍保持着传统封闭式厨房的设计思想——厨房与餐厅完全隔开。封闭式厨房应有合理的布局，厨具的摆放形式要符合厨房的基本流程，使操作者在最短的时间内完成各项厨务。厨务的流程概括地说就是储存、洗涤和烹调三个方面，而相应的厨房内的布局也应分为三个区域，这就是通常所说的"工作三角地带"。这三个区域应合理布置以便顺序操作，也才能让操作者在这三点之间来去自如，能迅速而轻易地在这三点间移动，而不用冒着碰掉热气腾腾的沙锅或打翻刚洗完盘子的危险。

封闭式厨房平面布局的主要型式：

一字型：这种布局将贮存、洗涤、烹调沿一侧墙面一字排开，操作方便，是最常用的一种形式。

单面布置设备的厨房净宽不应小于 1.50m，以保证操作者在下蹲时，打开柜门或抽屉所需的空间，或另一个人从操作者身后通过的极限距离［如图 3-4（b）］。

走廊型：这种布局将贮存、洗涤、烹调区沿两墙面展开，相对布置。

它的两端通常是门和窗。相对展开的厨具间距不应小于 0.9m，否则就难以施展操作。换句话说，贴墙而作的厨具一般不宜太厚，［如图 3-4（a）］。

曲尺型（也称"L"型）：它适用于较小方形的厨房。厨房的平面布局——灶台、吊柜、水池等设施布置紧凑；人在其中的活动相对集中，移动距离小，操作也很灵活方便，需要注意的是"L"式的长边不宜过长，否则将影响操作效率［如图 3-4（c）］。

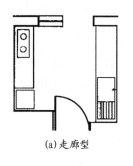
(a) 走廊型

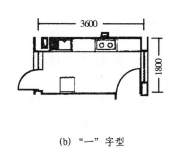
(b) "一" 字型

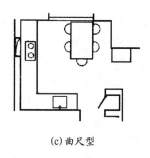
(c) 曲尺型

图 3-4 厨房的布置

"U"型：洗涤区在一侧，贮存及烹饪区在相对应的两侧。这种厨具布局构成三角形，最为省时省力，充分地利用厨房空间，把厨房布置地井井有条，上装吊柜、贴墙放厨架、下立矮柜的立体布置形式已被广泛采用。立体地使用面积，关键在于协调符合人体高度的各类厨具尺寸，使得在操作时能得心应手。目前一些发达国家都根据本国人体计测的数据，以国家标准的形式制定出各类厨具的标准尺寸。根据我国的人体高度计测，以下数据供人们确定厨具尺寸时参考：操作台高度为 0.80~0.90m，宽度一般为 0.50~0.60m，抽油烟机与灶台之间的距离为 0.60~0.80m，操作台上方的吊柜要以不使主人操作时碰头为宜，它距地不应小于1.45m，吊柜与操作台之间的距离应为 0.50m。根据我国妇女的平均身高，取放物品的最佳高度应为 0.95~1.50m，其次是 0.70~0.85m 和 1.60~1.80m。最不舒服的高度是 0.60m 以下和 1.9m 以上。若能把常用的东西放在 0.90~1.5m 的高度范围内，就能够减少弯腰、下蹲和踮脚的次数。

②开放式厨房。开放式厨房是厨餐合一的布置，即 OK 型住宅，使得厨房和餐厅在空间上融会贯通，使主厨者与用餐者之间方便地进行交流，而不感到相互孤立。这就丰富了烹调和用餐的生活情趣，又保持了二者的连续性，节省中间环节。这种布置方式，在过去的农村住宅中也颇为常见，随着社会的发展，技术的进步，清洁能源的采用以及现代化厨具设备的普及(从换气扇到大功率抽油烟机等)，由烹调所产生的各种污染已基本得到控制。同时由于厨房面积在增大，厨房与餐厅之间的固定墙逐步被取消，封闭的厨房模式将有被开放式厨房布局取代的动向。在有条件实行厨餐合一的厨房内，厨具(包括餐桌的配置)可采用"半岛"型或"岛"型方法。烹调在中间独立的台面上，台面的一侧放置餐桌，洗涤及备餐则在贴墙的台面上进行。

③半封闭式厨房。半封闭式厨房基本上同封闭式厨房，只是将厨房与餐厅之间的分隔墙改为玻璃拉门隔断，这样更便于餐厅与厨房之间的联系，必要时还可以把玻璃推拉门打开，使餐厅和厨房融为一体。半封闭式厨房的布局，一般也就只能采用封闭式厨房中的"一"字型或曲尺型。

厨房的电器布置。随着家用电器的日益增多和普及，如何科学合理的定位，改变目前厨房家电随意摆放使用不便的情况。设计时应充分考虑厨房所需电器品种的数量、规格和尺寸。本着使用方便、安全的原则，精心布置、合理设计电器插座的位置。且应为今后的发展和适当改造留有余地。

管线的布置应简短集中，并尽量暗装。

（2）卫生间

卫生间是住宅中不可缺少的内容之一，随着人民生活水平的改善和提高，卫生间的面积和设施标准也在提高。习惯上人们将只设便器的空间称为厕所，而将设有便器、洗面盆、浴盆或淋浴喷头等多件卫生设备的空间称为卫生间。在现代住宅中卫生间的数量也在增加，如在较大面积的住宅中，常设两个或两个以上的卫生间，一般是将厕所和卫生间分离，方便使用。

住宅的卫生间，它与现代家居生活有着极其密切的关系，在日常生活中所扮演的角色已越来越重要，甚至已成为现代家居文明的重要标志。卫生间除了必须注意实用和安全问题外，还应该顾全生理与精神上的享受条件。随着现代家居卫生间的不断扩大，卫生间的通风和采光要求都较高，卫生间内从设备陈设、布置到光线的运用以及视听设备的配套和完善，处处都体现着现代家居的个性化、功能性、安全性和舒适性。在发达的国家和地区集便溺、涤尘、净心、健身要求的卫生间已成为一种新的时尚。

新农村住宅卫生间设计，随着经济条件的改善和生活水平的提高。那种仅在室内楼梯间平台下设置一个简陋且不安全的蹲坑已不能满足广大群众的要求。在经济发达的地区，新农村住宅卫生间的设计已引起极大的重视。但是由于新农村住宅的建设受经济的制约也十分明显，它不仅应考虑当前的可能性，也还应该为今后的发展留有充分的余地，也就是要有适度的超前意识。为此，在新建的新农村低层住宅楼房中至少应分层设置卫生间。主卧室应尽可能设专用卫生间。当主卧室没设专用卫生间时，公共卫生间的位置应尽量靠近主卧室。新农村住宅的卫生间应设法做到有直接对外的采光通风窗，条件限制时也应采取有效的通风措施。卫生间的布置应努力做到洗、厕分开。为了适应新农村住宅建设的特点，卫生间的隔断应尽可能采用非承重的轻质隔墙，尤其是主卧室的专用卫生间，其隔墙一定要采用非承重隔墙，这样在暂时不设专用卫生间时可合并为一个大卧室，当条件成熟时，就可以十分方便的增设专用卫生间。当新农村住宅设置沼气池时卫生间的位置还应该尽量靠近沼气池。

在设计中，各层的卫生间应上下对应布置。卫生间的管线应设主管道井和水平管线带暗装，并应尽可能和厨房的管线集中配置。多层公寓式住宅的卫生间不应直接布置在下层住户的卧室、起居厅和厨房的上部，但在低层住宅、跃层住宅或复式中可布置在本套内的卧室、起居厅、厨房的上层。卫生间宜布置有前室，当无前室时，其门不应直接开向厅堂、起居厅、餐厅或厨房，以避免交通和视线干扰等缺点。另外卫生间内应考虑洗浴空间和洗衣机的摆放位置。

卫生间的面积应根据卫生设备尺寸及人体必需的活动空间来确定。各种卫生间布置如图3-5。一般规定，外开门的卫生间面积不应小于 $1.80m^2$，内开门的卫生间面积不应小于 $2.00m^2$；外开门的隔间面积不应小于 $1.10m^2$，内开门的隔间面积不应小于 $1.30m^2$，卫生间的最小尺寸见图3-6。新农村住宅的卫生间应有较好的自然采光和通风。卫生间可向楼梯间、走廊开固定窗（或固定百叶窗），但不得向厨房、餐厅开窗。当不能直接对外通风时，应在内部设置排风道。

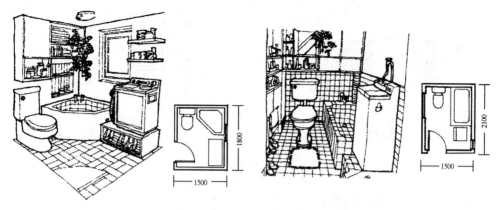

图 3-5　卫生间的布置

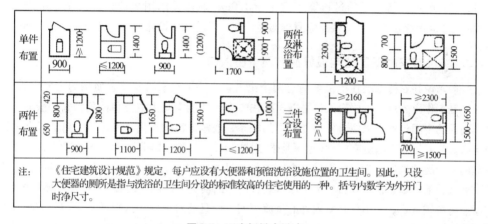

单件布置					两件及淋浴布置		

两件布置					三件合设布置		

注：《住宅建筑设计规范》规定，每户应设有大便器和预留洗浴设施位置的卫生间。因此，只设大便器的厕所是指与洗浴的卫生间分设的标准较高的住宅使用的一种。括号内数字为外开门时净尺寸。

图 3-6　卫生间最小尺寸

3.2.5　门厅和过道是住宅室内不可缺少的交通空间

在多层住宅和北方的低层住宅中，门厅是住宅户内不可缺少的室内外过渡空间和交通空间，也是联系住宅各主要功能空间的枢纽（南方的低层住宅即往往改为门廊）。日本称门厅为"玄关"，在我国某些人也常把门厅称为"玄关"以示时髦，其实"玄关"原意是指佛教的入道之门，把门厅生硬地称为"玄关"是不可取的，也完全无此必要。门厅的布置，可以使具有私密性要求较高的住宅避免家门一开便一览无余的缺陷。门厅有着对客人迎来送往的功能，更是家人出入更衣、换鞋、存放雨具和临时搁置提包的所在。

门厅在面积较小的住宅设计中常与餐厅或起居厅结合在一起。随着居民居住水平的提高，这种布置方式已越来越少。即使面积较大的住宅，也应很好地考虑经济性问题。常常由于这一空间开门较多，设计中门的位置和开启方向显得尤为重要，应尽量留出较长的实墙面以摆放家具，减少交通面积，如图 3-7 是某住宅门厅平面示意图。在较大的套型中，门厅可无直接采光，但其面积不应太大，否则会造成无直接采光的空间过大，降低居住生活质量和标准。

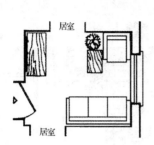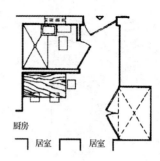

图 3-7　某住宅门厅平面

走道是住宅户内的交通空间。

过道宽度要满足行走和家具搬运的要求即可，过宽则影响住宅面积的有效使用率。一般地讲，通向卧室、起居厅的过道宽不宜小于 1.0m，通往辅助用房的过道的净宽不应小于0.90m，过道拐弯处的尺寸应便于家具的搬运。在一般的住宅设计中其宽度不应小于 1.0m。

3.2.6　新农村低层住宅最好应有两个出入口

一般来说新农村低层住宅最好应有两个出入口。一个是家居及宾客使用的主要出入口；另一个是工作出入口。主要出入口是以连接住宅中各功能空间为主要目的的，它一般应位于厅堂前面的中间位置，以便于各功能空间的联系，缩短进出的距离，并可避免形成长条的阴暗走廊。主要出入口前应有门廊（也可是雨棚）或门厅。门廊（或门厅）是住宅从主要出入口到厅堂的一个缓冲地带，为住宅提供一个室内外的过渡空间，这里不仅是家居生活的序曲，也是宾客造访的开始。在新农村住宅中厅堂兼有门厅的功能，因此，门廊（也可是雨棚）的设置也就显得特别重要。它不仅是室内外的过渡空间，而且还对主要出入口的正大门起着挡风遮雨的作用。大门口的地面上应设有可刮除鞋底尘土及污物的铁格鞋垫，以保持室内清洁。

"门"是中国民居最讲究的一种形态构成，传统民居的门是"气口"。新农村住宅特别讲究门的位置和大小。"门第"、"门阀"、"门当户对"，传统的世俗观念往往把功能的门世俗化了，家庭户户刻意装饰；作为功能的门它是实墙上的"虚"，而作为精神上的意向和标志，它又是实墙上的"虚"背景上的"实"。正大门，是民居的主要出入口，也是民居装饰最为醒目的主要部位。在福建各地的民居中，大门口处都是设计师与工匠们才智与技艺充分发挥的重要部位。在闽南，俗语"人着衣装，厝需门面"，因此在闽南古民居的大门口处，几乎都装饰着各种精湛华丽的木雕、石刻、砖雕泥塑以及书刻楹联、匾额，都费尽心机极力地显耀主人的地位和财力，并为喜庆粘贴春联、张灯结彩创造条件。直到近代的西洋式民居和现代民居也仍然极为重视大门入口处的装饰。民居随着经济的发展而演变，但大门处都仍然沿袭着宽敞的深廊、厅廊紧接的布局手法。

新农村低层住宅的正大门，应为宽度在 1.5m 左右的双扇门，并布置在厅堂南面的正中位置，它一般只在婚丧喜庆等大型活动时开启。而为了适应现代生活的需要，可在主要出入口正大门的附近布置一个带有门厅的侧门，作为日常生活的出入口，在那里可以布置鞋柜和挂衣柜，为人们提供更换衣、鞋、放置雨具和御寒衣帽的空间，还可以阻挡室外的噪声、视线和灰尘，有助于提高住宅的私密性和改善户内的卫生条件。

工作出入口主要功能是为便于家庭成员日常生活和密切邻里关系而设置的，它通常布置在紧临厨房附近。在它的附近也应设置鞋柜和挂衣柜，并应与卫生间有较方便的关系。在工作出入口的外面也应布置为生活服务的门廊或雨棚。

3.2.7 户内楼梯

户内楼梯是新农村低层和跃层住宅楼层上下的垂直交通设施，户内楼梯的布置常因用户的习惯和爱好不同而有很大的变化，新农村低层和跃层住宅的户内楼梯间应相对独立，避免家人上下楼穿越厅堂和起居厅，以保障厅堂和起居厅使用的安宁。但也有特意把户内楼梯暴露在厅堂、起居厅或餐厅之中的，它既可以扩大厅堂、起居厅或餐厅的视觉空间，又可形成一个景点，使得更富家居生活气息，别有一番情趣。

户内楼梯的位置固然应考虑楼层上下及出入的交通方便，但也必须注意避免占用好的朝向，以保障主要功能空间（如厅堂、起居厅、主卧室等）有良好的朝向，这在小面宽、大进深的新农村住宅设计中更应引起重视。

新农村低层和跃层住宅常用户内楼梯的形式，可以是"一字"型和"L"型，但有时也采用弧形的一跑楼梯，既可增加踏步的数量还可美化室内空间。户内楼梯间的梯段净宽度不得小于0.90m，并应有足够的长度以布置踏步和留有足够宽的楼梯平台，必要时还可利用户内楼梯的中间休息平台做成扇步，以增加楼梯的级数，从而避免楼梯太陡，影响家人上下和家具的搬运。户内楼梯间在室内空间处理时，常为厅堂、起居厅或餐厅所渗透，为此户内楼梯间的隔墙应尽量不做承重墙。

3.2.8 为住户提供较多的私有室外活动空间

在新农村住宅的设计中，应根据不同的使用要求以及地理位置、气候条件，在厅堂前布置庭院，并选择适宜的朝向和位置布置阳台、露台和外廊，为住户提供较多的私有室外活动空间，使得家居环境的室内与室外的公共活动空间以及大自然更好地融汇在一起，既满足新农村住宅的功能需要，又可为立面造型的塑造创造条件，便于形成独具特色的建筑风貌。

不论是庭院、阳台、露台和外廊（门廊）都是为住户提供夏日乘凉、休闲聚谈、凭眺美景、呼吸新鲜空气以及晾晒衣被、谷物的室外私有活动空间。

庭院和露台都是露天的，面积较大。庭院一般都布置在厅堂的前面，是住户地面上一个半开放的私有空间，可供住户栽花、种草和进行邻里交往，不应采用封闭的围墙，可采用低矮的通透栏杆或绿篱进行隔离。露台即是把部分功能空间屋顶做成可上人的平屋顶，为住户提供一个私有的屋顶露天空间，便于晾晒谷物、进行盆栽绿化和其他的室外活动。

阳台按结构可分为挑阳台、凹阳台、转角阳台以及半挑半凹阳台等；按用途阳台又可分生活阳台、服务阳台和封闭阳台。北向的阳台一般作为服务阳台，深度可控制在1.2m左右。而封闭阳台往往是布置在主卧室或书房前面，有着充足的光照和良好的视野，以作为休闲、聚谈、读书的所在，在北方还可作为阳光室。它是主卧室或书房功能空间的延伸，因此通往封闭阳台的门应做成落地玻璃推拉门。生活阳台一般均布置在起居厅或活动厅的南面，是起

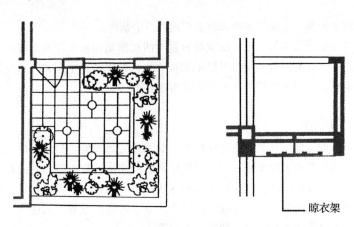

晾衣架

图3-8　住宅阳台平、剖面图

居厅或活动厅使用功能向室外的延伸和补充，应尽量采用落地玻璃推拉门隔断，以满足不同使用的需要。生活阳台的进深应根据使用要求和当地的气候条件来确定。一般进深不宜小于1.5m，在南方气候比较炎热的地区最好深至1.80～2.40m，以提高其使用功能。为保证良好的采光、通风和扩大视野，在确保阳台露台栏杆高1.10m时，应设法降低实体栏板的高度，上加金属的栏杆和扶手。垂直栏杆净空不应大于0.11m，且不应有附加的横向栏杆。以防儿童攀爬产生危险。另外，阳台应设置晾衣架等晾晒衣服的设施，顶层阳台应设雨罩(如图3-8)。

外廊，通常都是门廊，不管是在底层或楼层，它都是一个可以遮风避雨的室外空间。用作厅堂主要出入口正大门前门廊深度一般不小于1.5m，而用做工作出入口的门廊可为1.20m左右。

庭院是低层住宅或多层住宅首层设置的室外活动或生产空间，是人们最为接近自然的地方。尤其对于新农村低层住宅，它还具有许多生产功能，如饲养禽畜、堆放柴草和存放生产工具等。在我国耕地日益减少的情况下，住宅院落不应过大，在经济条件较好的地区应积极提倡兴建多层住宅。

3.2.9　扩大贮藏面积，必须安排停车库位

在住宅中设置贮藏空间，主要是为了解决住户的日常生活用品和季节性物品的贮藏问题，这对于保持室内整洁，创造舒适、方便、卫生的居住条件，提高居住水平有着重要意义。按要求规定，每套住宅应有适当的贮藏空间。住宅中常用吊柜、壁柜、阁楼或贮藏间等作为贮藏空间，其大小应根据气候条件、生活水平、生活习惯等综合确定。如全年温差大的地区，其季节性用品一般较多，贮藏空间就应大一些，反之，则可小些。为了最大限度地利用住宅空间，常通过设置吊柜、壁柜等方法解决物品的储藏问题。从方便使用的角度考虑，其尺寸不宜太小，一般吊柜净空高度不应小于0.40m，壁柜深度净尺寸不宜小于0.45m。紧靠外墙、卫生间、厕所的壁柜内应采取防潮、防结露或保温等措施。

扩大贮藏面积对于新农村住宅来说是极其必要的。它除了保证卧室、厨房必备的贮藏空间外，还必须根据各功能空间的不同使用要求和新农村住宅的使用特点，增加相应贮藏空间。

为适应经济发展的特点，新农村住宅必须设置停车库。近期可以用作农具、谷物等的贮藏或者作为农村家庭手工业的工场等，也可以存放农用车，并为日后小汽车进入家庭做好准备，这既具有现实意义，又可适应可持续发展的需要，所以在新农村住宅中设置车库不是一个可有可无的问题。

3.2.10　其他用房

为了适应可持续发展的需要，新农村住宅和面积较大的多层住宅，还将出现活动厅、书房、儿童房、客房、琴房等功能空间。活动厅可按起居厅的要求布置，而其他功能空间可暂按一般卧室布置，在进行室内装修时按需要进行安排。

4

新农村住宅建筑设计原理

4.1 新农村住宅的平面设计

4.1.1 平面设计的原则

①应满足用户的居住生活和生产的要求，并为今后发展变化创造条件。

②结合气候特点、民情风俗、用户生活习惯和生产要求，合理布置各功能空间。

③平面形状力求简洁、整齐。

④尽可能减少交通辅助面积，室内空间应"化零为整"、变无用为有用。

⑤重视节能。

4.1.2 新农村住宅的户型设计

新农村住宅的户型设计是新农村住宅设计的基础，其目的是为不同住户提供适宜的居住生活和生产空间。户型是指住户的家庭人口构成(如人口的多少、家庭结构等)、家庭的生活和生产模式等。目前在新农村住宅户型设计中普遍存在的问题是：功能不全且与住户的特定要求不相适应，面积大而不当，使用不得法以及生搬硬套城市住宅或外地住宅模式等。因此，必须认真分析深入研究影响新农村住宅户型设计的因素，才能作好新农村住宅设计。

(1)家庭人口构成

家庭的人口构成通常包括家庭的人口规模、代际数、家庭人口结构三个方面。

人口规模是指住户家庭成员的数量，如一人户、二人户、三人户等，住户的人口数量决定着住宅户型的建筑面积的确定和布局。从我国人口调查的情况看，农村户均人口为 4 ~ 6 人左右。随着家庭的小型化，家庭人口呈逐渐减少的趋势。

代际数是指住户家庭常住人口的代际数量，如一代户、二代户、三代户等，代际关系不同，反映在年龄、生活经历、所受教育程度上，对居住空间的需求和理解上存在差异。设计中应充分考虑到确保各自空间既相对独立，又相互联系，相互照顾。随着社会的发展进步，多代户新农村住宅设计中应引起足够的重视。

家庭人口结构是指家庭人口的构成情况，如性别、辈分等，它影响着户型内平面与空间的组合方式，在设计中应进行适当的平面和空间的组合。

（2）家庭的生活模式和生产方式

家庭生活模式和生产方式直接影响着新农村住宅的平面组合设计。对于新农村住宅来说，家庭生活模式是由家庭的生活方式包括职业特征、文化修养、收入水平、生活习惯等所决定的。而生产方式即涉及产业特征和生产关系。

新农村居民不同的生产、生活行为模式，决定着不同的住宅类型及其功能构成。

①新农村居民的生产、生活行为模式。新农村住宅的设计与新农村居民的生产、生活行为模式密切相关，根据生产、生活行为模式的特点，大致可分为三种类型：

a. 自生产及生活活动：是指为繁衍后代、延承历史文明所进行的活动，其包括自生产活动、生活活动和影响该活动的主要因素。在这些活动中，主要是实现自身劳动力的再生产过程，恢复精力及体力，用于其他生产活动。

b. 农业生产活动：当前，农业生产活动对于我国的大部分农村来说，依然是农民生产、生活的重要内容。随着农村经济体制改革的深化和发展，自 20 世纪 80 年代以来，在传统农业中的播、耕、牧、管等生产活动逐步为农业机械化所代替，使农村的生产活动逐渐向"副业化"、"兼业化"演变，出现各种"专业户"。农村大多也变为"亦工亦农"。

c. 其他活动：包括除从事农、副业等以外的工业、手工业、商业、服务业等活动，诸如各种手工业、运输业、采掘业、加工业、建筑业等。随着社会经济的发展，其愈来愈成为农村经济的主要增长点。

②生活、生产方式的多样化导致了户型的多样化。户规模、户结构、户类型是决定住宅户型的三要素。

户结构的繁简和户规模的大小则是决定住宅功能空间数量和尺度的主要依据。由于道德观念、传统习俗和经济条件等多方面原因，家庭养老仍然是我国农村住户的一种主要养老形式。因此，农村住户的家庭结构主要有二代户、三代户和四代户，人口规模大多为 4~6 人。在住宅户型设计中既要考虑到家庭人口构成状况随着社会的形态、家庭关系和人口结构等因素变化而变化。

住户的家庭生活、生产行为模式是影响住宅户型平面空间组织和实际的另一主要因素。家庭主要成员的生活、生产方式除了社会文化模式所赋予的共性外，具有明显的个性特征。它涉及家庭主要成员的职业经历、受教育程度、文化修养、社会交往范围、收入水平以及年龄、性格、生活习惯、兴趣爱好等诸方面因素。形成多元化千差万别的家庭生活、生产行为模式。在户型设计中，除考虑每个住户必备的基本生活空间外，各种不同的户类型（不同职业）还要求不同的特定附加功能空间。

而根据分析，其规律可见表 4-1。

表4-1 户类型及其特定功能空间

序号	户类型	主要特征	特定功能空间	对户型设计的要求
1	农业户	种植粮食、蔬菜、果木、饲养家禽家畜等	小农具贮藏、粮仓、微型鸡舍、猪圈等	少量家禽饲养要严加管理，确保环境卫生
2	专(商)业户	竹藤类编制、刺绣、服装、百货等	小型作坊、工作室、商店、业务会客室、小库房等	工作区域与生活区域应互相联系，又能相对独立，减少干扰
3	综合户	以从事专(商)业为主，兼种自家的口粮田或自留地	兼有一、二类功能空间，但规模稍小、数量较少	在经济发达地区，此类户型所占比重较大
4	职工户	在机关、学校或企事业单位上班，以工资收入为主	以基本家居功能空间为主，较高经济收入户可增设客厅、书房、阳光室、客卧、家务室、健身房、娱乐活动室等	重视专用空间的使用与设计

③户型的多样化产生了多样化住宅类型。按照不同的户型、不同户结构和不同户规模及新农村住宅的不同层次，对应设置具有不同的类型、不同数量、不同标准的基本功能空间和辅助功能空间的户型系列。

同时，为了达到既满足住户使用要求，又节约用地的目的，还应恰当地选择住宅类型，以便更好地处理建筑物的上下左右关系，随即妥善处理住宅的水平或垂直分户，并联、联排和层数等问题见表4-2。

表4-2 不同户类型、不同套类型系列的住栋类型选择

户类型	垂直分户	水平分户
农业户、综合	中心村庄居住密度小、建筑层数低，用地规定许可时，可采用垂直分户	在确保楼层户在地面层有存放农具和粮食专用空间的前提下，可采用水平分户(上楼)，但层数最多不宜超过4层，必要时，楼层户可采用内楼梯跃层式以增加居住面积
专(商)业户	此种类型的附加生产功能空间较大，几乎占据整个底层，生活空间安排在二层以上，故宜垂直分户	为保证附加生产功能空间使用上的方便并控制建筑物基底面积，不可能采用水平分户
职工户	基本上与城市多层单元式住宅相同，不宜采用垂直分户	为节约用地，职工户住宅一般均建楼房，少则三四层，多达五六层，宜采用水平分户

(3)各功能空间设计

①居住空间的平面设计。居住空间是新农村住宅户内最主要的居住功能空间，主要包括厅堂、起居厅、卧室、餐厅和书房等。在新农村住宅设计中应根据户型面积和户型的使用功

能要求划分不同的居住空间，确定空间的大小和形状，合理组织交通，考虑通风采光和朝向等。

　　a. 卧室平面尺寸和家具布置：卧室可分为主卧室、次卧室、客房等。主卧室通常为夫妇共同居住，其基本家具除双人床外，年轻夫妇还应考虑婴儿床，另外，像衣柜、床头柜、梳妆台等也应适当考虑。当卧室兼有其他功能时，还应提供相应的空间。主卧室最好能提供多种床位布置选择的可能，因此其房间短边尺寸不宜小于 3.0m。

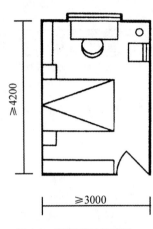

图4-1　卧室平面布置图

　　次卧室包括双人卧室、单人卧室、客房等。由于其在户型中居于次要地位，面积和家具布置上要求低于主卧室。床可以是双人床、单人床、高低床等，因此其短边尺寸不宜小于 2.1m（如图4-1）。

　　b. 起居厅平面尺寸和家具布置：起居厅是全家人集中活动的场所，如家庭团聚、会客、视听娱乐等，有时还兼有进餐、杂务和交通的部分功能。随着生活水平的提高，人们对起居空间的要求也越来越丰富。

　　起居厅的家具主要有沙发、茶几、电视音像柜等，由于起居厅有家庭活动的需要。还应留出较多的活动空间，另外考虑视听的要求，短边尺寸应在 3.0～4.0m 之间，如图4-2。

　　c. 书房：在面积条件宽裕的套型中，可将书房或工作室分离出来，形成独立的学习、工作空间，主要家具有书桌椅、书柜、电脑桌等，书房的最小尺寸可参照次卧室，其短边尺寸不宜小于 2.10m（如图4-3）。

　　②居住部分的空间设计与处理。室内空间设计与处理包括空间的高低变化、复合空间的利用、色彩、质感的利用以及照明、家具的陈设等。在住宅设计中，由于层高较小，为了使室内空间不感觉压抑，可在墙面的划分、色彩的选择方面进行处理。如为了减少空间的封闭感，可在空间之间设置半隔断，以使空间延伸，也可适当加大窗洞口，扩大视野，以获得较好的空间效果。

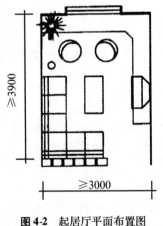

图4-2　起居厅平面布置图

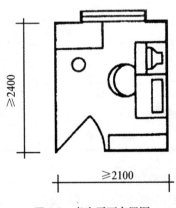

图4-3　书房平面布置图

③厨卫空间平面设计。厨卫空间是住宅设计的核心，它对住宅功能和质量起着关键的作用。厨卫空间内设备及管线较多，且安装后改造困难，设计时必须考虑周全。

a. 厨房的平面尺寸和家具布置：厨房的主要功能是做饭、烧水，主要设备有洗菜池、案桌、炉灶、储物柜、排烟气设备、冰箱、烤箱、微波炉等。厨房一般面积较小，但设备、设施多，因此布置时要考虑到其操作的工艺流程、人体工程学的要求，既要减少行走路线长度，又要使用方便。

厨房的平面尺寸取决于设备的布置形式和住宅面积标准，布置方式一般有单排式、双排式、"L"型、"U"型等，其最小尺寸见图4-4，单排布置时，厨房净宽≥1.5m，双排布置时≥1.8m，两排设备的净距≥0.9m。

b. 卫生间的平面尺寸和家具布置：卫生间是处理个人卫生的专用空间，基本设备包括便器、淋浴器、浴盆、洗衣机等，设计时应按使用功能适当分割为洗漱空间和便溺空间，方便使用，提高功能质量。在条件许可时，一户内宜设置两个及以上的卫生间，即主卧专用卫生间和一般成员使用的卫生间。其尺寸见图4-5。

c. 厨卫空间的细部设计：厨卫空间面积小、管线多、设备多，又是用水房间，处理不好，会严重影响使用。

首先，要做好防水处理，一般是厨卫地面低于其他功能空间20mm，减少房间积水的可能性，墙面通常是墙砖装修；其二，注意房间内管线的布置，安排不好容易影响设备使用和室内美观；第三，要考虑细部的功能要求，如手纸盒、肥皂盒、挂衣钩、毛巾架等。

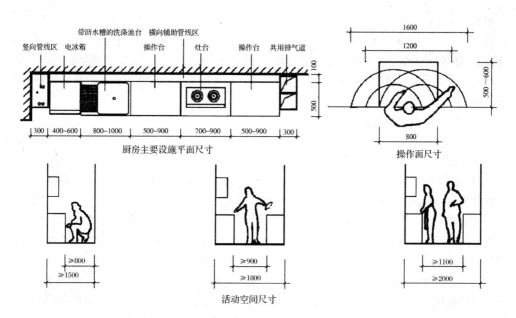

图4-4 厨房最小尺寸要求

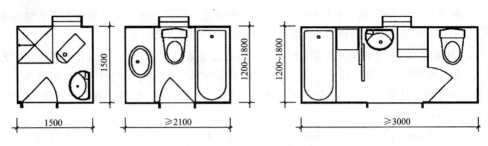

图 4-5 卫生间最小尺寸要求

④交通及辅助空间的设计

a. 交通联系空间：包括门斗、门厅、过厅、过道及户内楼梯等，设计中，在入户门处尽量考虑设置门斗或前室，起到缓冲和过渡的作用；同时还可作为换鞋、更衣、临时放置物品的作用，门斗的净宽不宜小于 1.2m。过厅和过道是户内房间联系的枢纽，通往卧室、起居室等主要房间的过道不小于 1.0m，通往辅助房间时不小于 0.9m。

当户内设置楼梯时，楼梯净宽不小于 0.75m(一侧临空)和 0.9m(两侧临空)，楼梯踏步宽度不小于 220mm，高度不大于 200mm。

b. 贮藏空间：是住宅内不可或缺的内容，在住宅设计中通常结合门斗、过道等的上部空间设置吊柜，利用房间边角部分设置壁柜，利用墙体厚度设置壁龛等。此外还可结合坡屋顶空间、楼梯下的空间作为储藏间。

c. 室外空间：包括庭院、阳台、露台等，是低层和多层住宅不可或缺的室外活动空间。阳台按平面形式可以分为悬挑阳台、凹阳台、半挑半凹阳台和封闭式阳台。挑阳台视野开阔、日照通风条件好，但私密性差，相互间有视线干扰，出挑深度一般为 1.0～1.8m；凹阳台结构简单、深度不受限制、使用相对隐蔽；半挑半凹阳台间有上述两个的特点；封闭式阳台是将以上三种阳台的临空面用玻璃窗封闭，可起到阳光间的作用，在北方地区经常使用。

露台是指顶层无遮挡的露天平台，可结合绿化种植形成屋顶花园，为住户提供良好的户外活动空间，同时对于下层屋顶起到了较好的保温隔热作用。

(4)功能空间的组合设计

户型内空间组合就是把户内不同功能空间，通过综合考虑有机地连接在一起，从而满足不同的功能要求。

户型内空间的大小、多少以及组合方式与家庭的人口构成、生活习惯、经济条件、气候条件紧密相关，户内的空间组合应考虑多方面的因素。

①功能分析。户内的基本功能需求包括：会客、娱乐、就餐、炊事、睡眠、学习、盥洗、便溺、储藏等，不同的功能空间应有特定的位置和相应的大小，设计时必须把各功能空间有机地联系在一起，进行合理的分区，以满足家庭生活的基本需要。

②功能分区。功能分区就是将户内各空间按照使用对象、使用性质、使用时间等进行划分，然后按照一定的组合方式进行组合。把使用性质、使用要求相近的空间组合在一起，如厨房和卫生间都是用水房间，将其组合在一起可节约管道，利于防水设计等。在设计中主要注意以下几点：

a. 内外分区：按照住宅使用的私密性要求将各功能空间划分为"内"、"外"两个层次，对于私密性要求较高的，如卧室应考虑在空间序列的底端，而对于私密性要求不高的，如客厅等安排在出入口附近。

b. 动静分区：从使用性质上看，厅堂、起居厅、餐厅、厨房是住宅中的动区，使用时间主要为白天，而卧室是静区，使用时间主要是晚上。设计时就应将动区和静区相对集中，统一安排。

c. 洁污(干湿)分区：就是将用水房间(如厨房、卫生间)和其他房间分开来考虑，厨房卫生间会产生油烟、垃圾和有害气体，相对来说较脏，设计中常把它们组合在一起，也有利于管网集中，节省造价。

③合理分室。合理分室包括两个方面，一个是生理分室，一个是功能分室。合理分室的目的就是保证不同使用对象有适当的使用空间。生理分室就是将不同性别、年龄、辈分的家庭成员安排在不同的房间。功能分室则是按照不同的使用功能要求，将起居、用餐与睡眠分离；工作、学习分离，满足不同功能空间的要求。

④功能空间组合的布局要求。功能空间布局问题是住宅设计的关键。目前，农村住宅功能布局中存在的问题有：生产活动功能混杂，家居功能未按生活规律分区，功能空间的专用性不确定以及功能空间布局不当等。因此，我们必须更新观念，以科学的家居功能模式为标准，优化新农村住宅设计。

按照新农村住户一般家居功能规律及不同住户空间类型的特定功能需求，可以推出一个新农村住宅家居功能空间的综合解析图式(见图4-6)。这个图式表达了新农村住宅家居功能空间的有关内容、活动规律及其相互关系。其特点是：

a. 强调了厅堂、起居厅作为家庭对外和对内的活动中心的作用。

b. 强调了随着生活质量的提高，各功能空间专用水平有着逐渐增强的趋势，如将对内的起居厅与对外的厅堂分设。

c. 由于农民收入和生活水平的提高，家居功能中增设了书房(工作室)、健身活动室和车库等功能空间。

d. 由于新农村产业结构的变化，必须为不同的住户配置相应的功能空间，如为专业户和商业户开辟加工间、店铺及其仓库等专用空间；为农业户配置农具及其杂物储藏、粮食蔬菜储藏以及微型封闭式禽舍等。

⑤功能空间的组合特点。根据新农村住宅各功能空间相互关系的特点，新农村住宅功能空间的布局应遵照如下原则：

a. 新农村住宅必须有齐全的功能空间：随着物质和文化生活水平的不断提高，人们对居住环境的要求也越来越高。住宅的生理分室和功能分室将更加明细合理，人与人、室与室之间相互干扰的现象将逐步减少。每套住宅都应保证功能空间齐全，才能保证各功能空间的专用性，确保不同程度的私密性要求。

根据新农村住宅的功能特点，考虑到新农村居住生活的使用要求，新农村住宅应能满足其遮风避雨、生产活动、喜庆社交、膳食烹饪、睡眠静养、卫生洗涤、储藏停车、休闲解劳和客宿休息等功能。为了满足这些要求，新农村低层住宅要做到功能齐全，一般应设置：厅

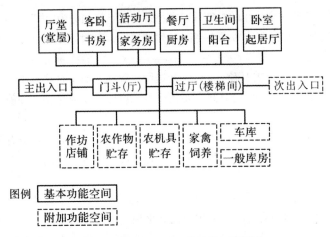

图4-6 村镇住宅家居功能综合解析图式

堂、起居厅、餐厅、厨房、卧室(包括主卧室、老年人卧室及若干间一般卧室)、卫生间(每层设置公共卫生间、主卧室应有标准较高的专用卫生间)、活动厅、门廊或门厅、阳台及露台、储藏(车库)等功能空间。在使用中还可以根据需要,通过室内装修把部分一般卧室改为儿童室、工作学习室、客房等。而多层住宅应有门厅、起居厅、餐厅、厨房、卧室、卫生间、贮藏间、阳台等。

　　b. 各功能空间要有适度的建筑面积和舒适合理的尺度:新农村住宅的建筑面积,应和家庭人口的构成、生活方式的变化以及居住水平的提高相适应。人多,社交活动频繁,在家工作活动较多,而居住面积太小,就会有拥挤的感觉,互相干扰严重,使得每个人心烦气躁;而人少,各种家居活动也少,面积太大就会显得冷冷清清,孤独寂寞感就会侵袭心头,房屋剩余空间太多,很少有人走动,湿气重,阳光不足,通风不良,因此就缺乏"人气。"这也就是为什么久无人住的房子,一打开时会寒气逼人的原因所在。

　　各功能空间的规模、格局和合宜尺度的体型,即应根据各功能空间人的活动行为轨迹以及立面造型的要求来确定。这些功能空间可分为基本功能空间和附加功能空间。

　　新农村住宅的基本功能空间包括:厅堂、起居厅、餐厅、厨房、卫生间、卧室(含老人卧室和子女卧室)及贮藏间等。厅堂是接待宾客、举办喜庆家庭对外活动中心的共同空间,是新农村住宅最重要的功能空间,因此它所需的面积也是最大的,一般应考虑能有布置两张宴请餐桌的可能;起居厅是家庭成员内部活动共享天伦的共同空间,对于新农村住宅的起居厅在婚丧、喜庆的活动中还得起到招待客人的作用,因此,也应有较大的空间,当起居厅前带有阳台时,应布置全墙的推拉落地门,当必要时,卸下落地门,以便扩大起居厅的面积,达到可以同时布置两张宴请的餐桌。如果没有足够大的起居厅,就难能做到居寝分离,更谈不上公私分离和动静分离。卫生间在现代家居的日常生活中所扮演的角色越来越重要,已成为时尚家居的新亮点,体现现代家居的个性、功能性和舒适性,卫生间的面积也需要扩大。为了使得厨房能够适应向清洁卫生、操作方便的方向发展,厨房必须有足够大的平面以保证设备设施的布置和交通动线的安排。而卧室由于功能逐渐趋向于单一化,则可适当缩小。这也是现在所流行的三大一小。

在由国家住宅与居住环境工程中心出版的《健康住宅建设技术要点(2004年版)》一书中提出住宅功能空间低限净面积指标(见表4-3)。

表4-3 住宅功能空间低限净面积指标

项目	低限净面积指标(m²)
起居厅	16.20(3.6m×4.5m)
餐厅	7.20(3.0m×2.4m)
主卧室	13.86(3.3m×4.2m)
次卧室(双人)	11.70(3.0m×3.9m)
厨房(单排型)	5.55(1.5m×3.7m)
卫生间	4.50(1.8m×2.5m)

根据我国目前一般新农村居民的家庭构成和生活方式,并对今后一定时期进行预测,同时还参考了一些经济发达的国家和地区的资料,提出了新农村住宅基本功能空间建议性建筑面积的参考表(见表4-4)。

表4-4 新农村住宅各功能空间合宜尺度及建筑面积参考表

功能空间名称	厅堂	起居厅	餐厅	厨房	卧室			卫生间	储藏车库	活动室	楼梯间
					主卧室	老年人卧室	一般卧室				
合宜尺度 宽(m)	≮3.9	≮3.9	≮2.7	≮1.8	≮3.3	≮3.3	≮2.7	≮1.8	≮2.7	≮3.9	≮2.1
长(m)											≮5.1
建筑面积(m²)	20~30	20~25	12	8	20	14	9~12	5~7	16~24	20	10

注:主卧室的建筑面积包括专用卫生间。

c. 新农村应有足够的附加功能空间:根据新农村居民所从事生产经营特点以及住户的经济水平和个人爱好等因素,附加功能空间可分为生活性附加功能空间和生产性辅助功能空间。

生活性附加功能空间包括门厅(或门廊)、书房、儿童房、家务房、宽敞的阳台、晒台、外庭院、内庭天井、庭院、客房活动厅(健身房)、阳光室(封闭阳台或屋顶平台)。

门厅(或门廊)是用以换鞋、放置雨具和外出御寒衣物的室内外过渡空间。在传统的农村住宅中,为了节约建筑面积,较少设置,随着经济条件的变化,家居生活水平的提高,必须重视门厅(或门廊)的设置。

d. 平面设计的多功能性和空间的灵活性:住宅内部使用空间的分配原则,是以居民生活及工作行为等实用功能的需要来考虑的,这些需要随着居住人口和居住形态的变化以及生活水平的提高、家用电器的设置而随时都可能要求发生变化。这在新农村住宅的设计中应引起重视。为了适应这种变化,住宅的使用空间也需要重新调整。所以在新农村住宅的设计中,必须考虑如何适应空间灵活性的使用问题,以适应变化的需要。卧室之间,主卧室与专用卫生间之间，厨房与餐厅之间以及厅堂、起居厅、活动厅与楼梯之间和卫生间的隔墙都应做成非承重的轻质隔墙，这样，才能在不影响主体结构的情况下，为空间的灵活性创造条件，以适应平面设计多功能性需要。

e. 精心安排各功能空间的位置关系和交通动线：农村土地辽阔，新农村居民在这种大尺度的环境下成长，习惯在这种较大的空间下生活及工作，因此新农村住宅一般都较为宽敞。面积较大的新农村住宅，如果未能安排好其与居住质量密切相关的"动线设计"则易导致工作时间延长并增加身心疲惫。因此，新农村住宅居住质量不能仅以面积大小为依据，而更应重视各功能空间的位置关系、交通动线等的精心安排。

(a)按照功能空间的不同用途可分为生活区、睡眠区和工作区三个区：

生活区：是工作后休闲及家人聚会的场所包括厅堂、起居厅、活动厅及书房等。

睡眠区：以往这里是纯供睡觉的地方，现在也是读书、做手艺及亲子交谈的场所。

工作区：是居民日间主要活动场所，如厨房、洗衣及家庭副业。

(b)按照功能空间的性质可分为公共性空间、私密性空间和生理性空间：

公共性空间：是家庭成员进行交谊、聚集以及举办婚丧喜庆的场所。也是招待亲朋的地方，它是家庭中对外的空间，主要包括厅堂、餐厅以及起居厅、活动厅。

私密性空间：它指的主要是卧室区。随着休闲时间的增加和教育的普及，这一空间越来越重要。它是为居住者提供学习、从事休闲活动以及做手工家务的地方。

生理性空间：主要是指为居住者提供生理卫生便溺为主的卫生间等。

(c)按照功能空间的特点可分为开放空间、封闭空间和连接空间：

开放空间：一般是指厅堂、起居厅和活动厅等供家庭成员谈话、游戏与举办婚丧喜庆、招待客人的场所。从这里可以通往室外，它是家庭中与户外环境关系最密切的地方。

封闭空间：封闭空间能使居住者身在其中而产生宁静与安全的感觉。在这里无论休息或工作均可不受人干扰或影响别人，是完全属于使用人自己的天地，这些空间有卧室、客房、书房及卫生间等。

连接空间：它是室内通往室外的联结部分，这一空间具有调节室内小气候的功能，同时也可调节人们在进出住宅时，生理上及心理上的需求。门廊(或雨棚下)及门厅都属于这一空间范围。

通过以上的分析，区与区之间、各功能空间之间应根据其在家居生活中的作用及其互相间的关系进行合理组织，并尽可能使关系密切的功能空间之间有着最为直接的联系，以避免出现无用空间。在新农村低层住宅中，把工作区和生活区连接布置在底层，提高了使用上的便捷性，而把睡眠区布置在二层以上，这样把家庭共同空间与私密性空间分为上下两部分，可以做到动静分离和公私分离。

在平面布置中，由于家庭共同空间的使用效率高，应充分吸取传统民居以厅堂和起居厅分别作为家庭对外和家庭成员活动中心的原则，底层把生活区的厅堂放在住宅朝向最好及最重要的位置，后侧即布置工作区，既保证生活区与工作区的密切联系，更由于布置着两个出入口，这样就可以做到洁污分离。在二层即把起居厅安排在住宅朝向最好及最重要的中间位置，背侧即绕以布置私密性空间，这样可以使每个房间与家庭共同空间的起居厅直接联系，使生活区得到充分的利用。"有厅必有庭"这是传统民居的突出特点之一，也是江南各地带有天井民居的常用手法，这种把敞厅与庭院或天井内庭在平面上的互相渗透，使得人与人、人与自然交融在一起，颇富情趣。

为了使住宅中的家庭共同空间宽敞舒适与空间层次丰富，还可以采取纵横分隔与渗透的手法。

在新农村住宅设计中，横的方向是底层的厅堂与庭院、餐厅与庭院（或天井内庭）、楼层的起居厅（或活动厅）与阳台露台，均应有着直接的联系，两者之间可用大玻璃推拉门分隔，使能达到既可扩大视野，给人以宽敞、明亮的感觉，又便于与室外空间联系，密切邻里关系，还可便于对在户外活动的孩子、老人的照应。为了适应现代家居生活的需要，为扩大视觉空间，创造生活情趣，还应重视厅堂、起居厅、活动厅、餐厅与楼梯之间以及厅堂与餐厅之间的互相渗透。在纵的方向，可通过楼梯间把底层的厅堂和楼层的起居厅、活动厅取得联系和渗透，这时就应该把作为楼层垂直交通的楼梯尽可能组织到客厅和起居厅、活动厅中，既可在垂直方向扩大视觉空间，更能加强这些家庭共同空间的垂直联系，增加生活气息，活跃家居气氛。

在楼层的布置时，由于各层相对独立，只要把楼梯间的位置布置合适，就能较为方便地组织上下关系。但应注意不要让上层卫生间设备的下水管和弯头暴露在下层主要功能空间室内，最好是各层卫生间上下垂直布置。这在新农村低层住宅的平面布置中是较难完全做到的。这时可以在底层是厨房、餐厅、洗衣房及车库等的上面一层布置卫生间，管道可以用吊顶乃至露明（如车库内）处理都较容易解决。应尽量避开在厅堂、起居厅、活动厅及卧室上层布置。当实在避不开时，即应靠在墙角，结合室内装修和空间处理或局部吊顶，或做成夹壁、假壁柱等将水平及立管隐蔽起来。

在布置齐全的功能空间、提高功能空间专用程度的基础上，通过精心安排各功能空间的位置关系和交通动线。就能够实现动静分离、公私分离、洁污分离、食居分离、居寝分离。充分体现出新农村住宅适居性、舒适性和安全性。

4.1.3 新农村低层住宅的户型平面设计

二三层的低层住宅是新农村住宅的主要类型。近30年来，各方面都对它进行了大量的研究。下面就其设计中的一些主要问题，分别进行探讨。

（1）面宽与进深

研究表明：小面宽、大进深具有较为明显的节地性，新农村住宅应努力做到所有的功能空间都具有直接对外的采光通风，因此当进深太大时，一些功能空间的采光通风将受到影响。因此，在设计中必须科学地处理新农村住宅面宽与进深的关系。

①一间的新农村住宅。这种住宅只有一开间，为了满足建筑面积的要求，只好加大住宅的进深，加大住宅进深后，将导致很多功能空间的采光通风受到影响，因此多采用一个或两三个天井内庭来解决功能空间的采光通风问题（见图4-7）。

②两开间的新农村住宅。这种住宅是目前广为采用的新农村住宅，平面布置紧凑，其基本上可以保证所有的功能空间都能有较好直接对外的采光和通风（见图4-8）。但如果建筑面积

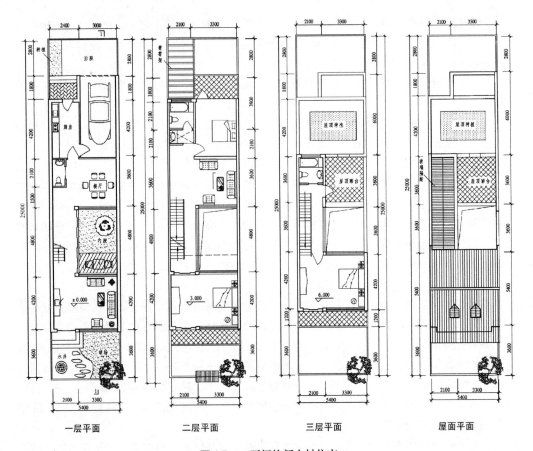

一层平面　　　二层平面　　　三层平面　　　屋面平面

图4-7　一开间的新农村住宅

较大时，进深也会随之加大，也就难免会出现一些功能空间的采光、通风问题不能解决。随着对传统民居建筑文化的研究，在新农村住宅的设计中内天井得到广泛地运用(见图4-9)。内天井不仅可以解决其相邻功能空间的采光通风问题，还可为住户提供贴近自然的住宅内部露天活动空间，采用可开启的活动天窗还可起到调节住宅内部的气温，是一种得到广泛欢迎的住宅方案。

③三开间的新农村住宅。新农村住宅当采用三开间时，其进深不必太大，一般在进深方向只需布置两个功能空间，便能满足需要。基本上可以完全做到各功能空间都有直接对外的采光通风，平面布置也较为紧凑(见图4-10)。为了提高家居环境的生活质量与大自然更为和谐的情趣，不少三开间住宅也都采用内天井的处理手法(见图4-11)。

④多开间的新农村住宅。多开间住宅面宽较大，占地较多。在新农村建设中，只有在单层的平房住宅采用，对于二、三层的新农村住宅基本上是不提倡的。

(2)厅与庭

传统的民居"有厅必有庭"。传统民居不论是合院式、天井式还是组群式，由于大部分都是平房，所以厅与庭的联系都十分密切。新农村住宅应以二、三层为主，底层的厅堂(或堂

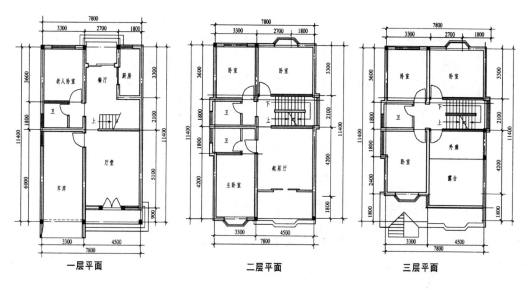

图4-8 两开间的新农村住宅

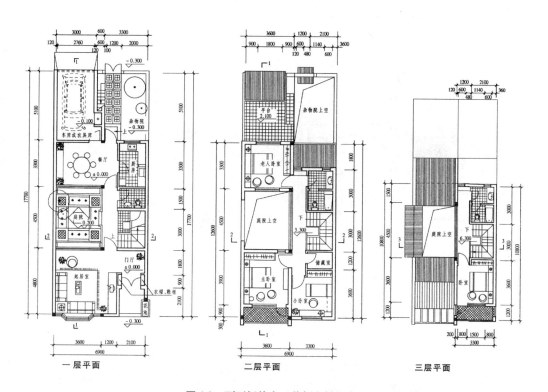

图4-9 两开间的内天井新农村住宅

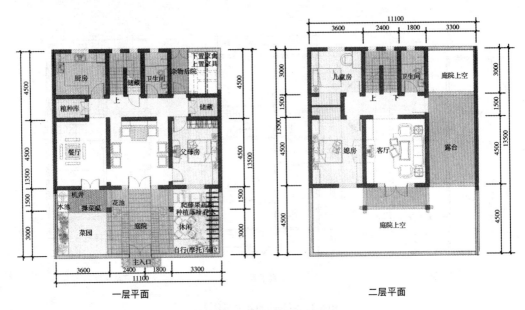

图4-10　三开间的新农村住宅

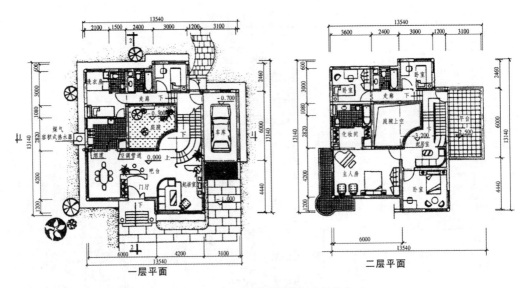

图4-11　三开间的内天井新农村住宅

屋)应尽量布置在南向的主要位置，其与住宅的前院都能有较好的联系。楼层的起居厅和活动厅等室内公共空间在设计中则应尽可能地与阳台、露台也有较密切的联系。楼层的阳台和露台实际上也起着庭的作用，为此新农村住宅应设置进深较大的阳台，并应根据南北不同的地理区位，确定阳台的不同进深。北方不应小于1.5m，南方可为2.1～2.4m，为了确保阳台具有挡雨遮阳的作用，又便于晾晒接受足够的阳光，对于南方进深较为大的阳台，可以采取阳

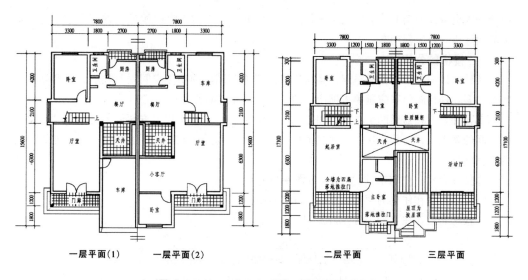

图4-12(a) 一半上有顶盖 一半露天的阳台

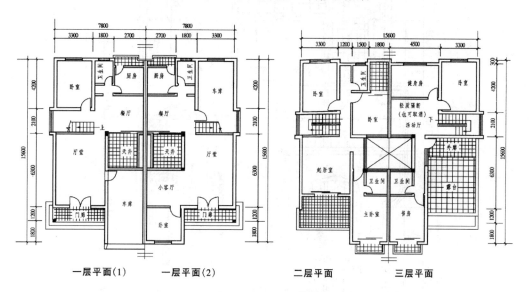

图4-12(b) 厅与露台之间有外廊作为过渡空间

台一半上有顶盖，一半露天的做法[如图4-12(a)]。以外廊作为厅与露台的过渡空间，不仅加强了厅与露台的关系，而且更便于炎热多雨的农村，为农民提供一个室外洗衣晾衣的外廊，这种形式深受欢迎[见图4-12(b)]。

(3)厅的位置

　　传统的民居特别重视厅堂(堂屋)的位置，基本上都应布置在朝南的主要位置，以便于各种对外活动的使用，厅更是家人白天活动的主要功能空间，应有足够的日照和通风，特别是在农村，不仅老人和儿童需要朝南的公共活动空间，即便是年轻人在家庭副业和手工业等生产活动中也应以朝南的功能空间为最佳选择。因此，新农村住宅的厅堂（堂屋）、起居厅，甚至活动厅最好都应朝南布置。

（4）楼梯的位置

楼梯是楼房的垂直交通空间，其布置直接影响到同层的功能空间以及楼层之间各功能空间的联系。楼梯的位置应避免占据南向的位置，其布置的位置有：

①楼梯布置在前后两个功能空间之间（见图4-13），这样不仅可方便住宅室内公共活动空间之间的联系，并与其他功能空间联系也较为方便，而且还能扩大厅的视觉空间和充满家居的生活气息。

②楼梯布置在住宅东（西）一侧（见图4-14）。

③楼梯布置在住宅的后部（北面）［如图4-15（a）］。

④楼梯布置在住宅的中部［如图4-15（b）］。

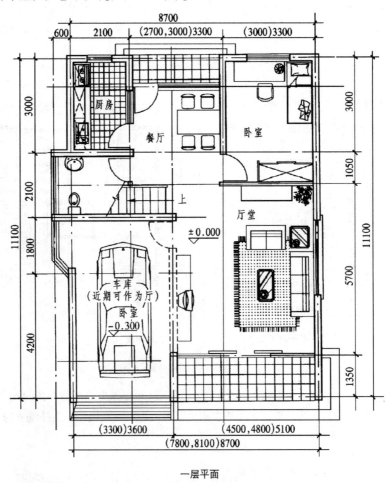

一层平面

图4-13　楼梯布置在前后两个功能空间之间

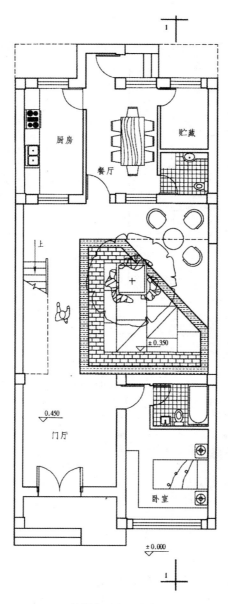

图 4-14 楼梯布置在住宅东(西)一侧

(5) 厨房与餐厅

在新农村住宅中,餐厅是厨房功能扩大的临时空间,因此二者应紧邻,厨房一般应布置在住宅的北面。并最好应与猪圈、沼气池也有较方便的联系。而餐厅即可紧邻厨房一起布置在北面,或面向天井内庭,也可与厅堂(堂屋)合并在一起。

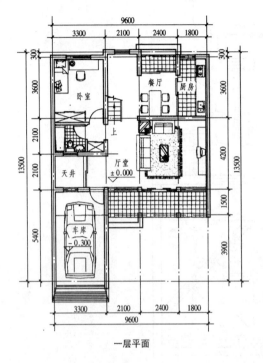

一层平面

图 4-15（a） 楼梯布置在住宅的后部（北面）

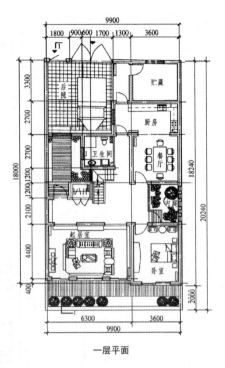

一层平面

图 4-15（b） 楼梯布置在住宅的中部

4.2 新农村住宅的剖面设计

一般说来，住宅空间变化较少，剖面设计较简单。住宅剖面设计与节约用地、住宅的通风、采光、卫生等的关系十分紧密。在剖面设计中，主要是解决好层数、层高、局部高低变化和空间利用等几个问题。

4.2.1 住宅层数

住宅层数与城镇规划、当地经济发展状况、施工技术条件和用地紧张程度等密切相关。住宅《民用建筑设计通则》规定，住宅层数划分为低层（1～3层）、多层（4～6层）、中高层（7～9层）和高层（10～30层）。在住宅设计和建造中，适当增加住宅层数，可提高建筑容积率，减少建筑用地，丰富新农村形象。但随层数增加，由于住宅垂直交通设施、结构类型、建筑材料、抗震、防火疏散等方面出现了更高的要求，会带来一系列的社会、经济、环境等问题。如7层以上住宅需设置电梯，导致建筑造价和日常运行维护费用增加，层数太多还会给居住者带来心理方面的影响。根据我国新农村建设和经济的发展状况，新农村的住宅应以二、三层的低层住宅为主，在有条件的新农村可提倡建设多层住宅。

在建筑面积一定的情况下，住宅层数越多，单位面积上房屋基地所占面积就越少，即建筑密度越小,因而用地越经济。就住宅本身而言,低层住宅一般比多层住宅造价低,而高层的造价更高,但低层住宅占地大,如一层住宅与五层相比大3倍;对于多层住宅,提高层数能降低造价。从用地的角度看,住宅在3~5层时,每增加一层,每公顷用地上即可增加1000m²的建筑面积,但6层以上时,则效果不明显。一般认为,长条形平面6层住宅无论从建筑造价还是节约用地来看都是比较经济的,因而在我国的新农村中应用很多。

4.2.2 层高

住宅的层高是指室内地面至楼面或楼面至楼面或楼面至檐口(有屋架时至下弦,平顶屋面至檐口处)的高度。

影响层高的因素很多,大致可以归纳为以下几点:

①层高与房间大小的关系。在房间面积不大的情况下,层高太高会显得空旷而缺乏亲切感;层高过低又会给人产生压抑感,同时,在冬季当人们紧闭窗门睡觉时,低矮的房间容积小,空气中二氧化碳浓度也相对提高,对人体健康不利。

②楼房的层高太高,楼梯的步数增多,占用面积太大,平面设计时梯段很难安排。

③层高加大会增加材料消耗量,从而提高建筑造价。

合理确定住宅层高,在住宅设计中具有重要意义。适当降低层高可节省建筑材料,减少工程量,从而降低造价。在严寒地区还可通过减少住宅外表面积,降低热损失。由于住宅中房间的面积较小,室内人数不多,在《住宅设计规范》中规定室内净高不得低于2.40m。在《健康住宅建设技术要点(2004年版)》中提出居室净高不应低于2.50m,根据新农村住宅的实际情况,由于建筑面积一般也较大。因此新农村住宅的层高应控制在2.8~3m左右。北方地区为利于防寒保温,层高大多选用2.8m。南方炎热地区则常用3.0m左右。坡屋顶的顶层由于有一个屋顶结构空间的关系,层高可适当降至2.6~2.8m。附属用房(如浴厕杂屋畜舍和库房)层高可适当降至2.0~2.8m。低层住宅的层高由于生活习惯问题可适当提高,但不宜超过3.3m。

此外,住宅层高还会影响到与后排住宅的间距大小,尤其当日照间距系数较大时,层高的影响更为显著,由于住宅间距大于房屋的总进深,所以降低层高比单纯增加层数更为有效,如住宅从5层增加到7层,用地大致可节约7%~9%,而层高由3.2m降至2.8m时,可节约用地8%~10%(日照间距系数为1.5时)。因此在新农村住宅设计时应遵照住宅设计规范,执行有关层高的规定。

4.2.3 室内外高差

为了保持室内外干燥和防止室外地面水侵入,新农村住宅的室内外高差一般可用20~45cm,也即室内地面比室外高出1~3个踏步左右。也可根据地形条件,在设计中酌情确定。但应该注意室内外高差太高,将造成填土方量加大。增加工程量,会提高建筑造价。如果底层地面采用木地板,即除了考虑结构的高度以外尚应留出一定高度,便于作为通风防潮空间,并开设通风窗,为此室内外高差不应低于45cm。在低洼地区,为了防止雨水倒灌,室内地面更不宜做得太低。

4.2.4 窗户的高低位置

新农村住宅在剖面的设计中，窗户开设的位置同室内采光通风和向外眺望等功能要求相关。根据采光的要求，居室的窗户大小可按下面的经验公式估算：

$$窗户透光面积/房间面积 = 1/8 \sim 1/10$$

当窗户在平面设计中位置确定后，可按其面积得出窗户的高度和宽度，并确定在剖面中的高低位置。居室窗台的高度，一般高于室内地面为 850 ~ 1000cm，窗台太高，会造成近窗处的照度不足，不便于布置书桌，同时会阻挡向外的视线。有些私密性要求较高的房间（如卫生间），即为了避免室外行人窥视和其他干扰，常常把窗台提高到室外视线以上。

在确定窗户的剖面时，还必须考虑到其平面设计的位置，以及与建筑立面造型设计三者间的关系，进行统一考虑。

4.2.5 剖面形式

剖面可有两个方向，即横向和纵向。对于住宅楼横剖面来说，考虑到节约用地或限于地段长度，常将房屋剖面设计成台阶状（即在住宅的北侧退台）以减少房屋间距，这样剖面就形成了南高北低的体型，退后的平台还可作为顶层住户的露台，使用方便，对新农村低层住宅来说，在保证前后两排住宅的间距要求时，北面的退台收效不大，应该采用南面退台做法以为住户创造南向的露台，更有利于晾晒谷物衣被和消夏纳凉；新农村低层住宅楼层的退台布置可使立面造型和屋顶形式更富变化，使得住宅与农村优美的自然环境更好地融为一体。对于坡地上（或由于地形原因）的住宅，可以利用地形设计成南北高度不同的剖面。对于纵剖面来说，可以结合地形设计成左右不等高的立面形式，也可以设计成错层或层数不等的形式。另外还可结合建筑面积、层数等建设跃层或复合式住宅。

4.2.6 空间利用

在我国当前的经济条件下，对于新农村住宅空间利用就显得尤为重要，这就要求在设计中应尽量创造条件争取较大的贮藏空间，以解决日常生活用品、季节性物品和各种农产品的存放问题。这对改善住宅的卫生状况，创造良好的家居环境具有重要意义。

在新农村住宅的剖面设计中常见的贮藏空间除专用房间外主要有壁柜、吊柜、墙龛、阁楼等。壁柜（橱）是利用墙体做成的落地柜，它的容积大，可用来贮藏较大物品，一般是利用平面上的死角、凹面或一侧墙面来设置。壁柜净深不应小于 0.5m。靠外墙、卫生间、厨房设置时应考虑防潮、防结露等问题，如图 4-16。

吊柜是悬挂在空间上部的贮藏柜，一般是设在走道等小空间的顶部，由于存取不太方便，常用来存放季节性物品。吊柜的设置不应破坏室内空间的完整性，吊柜内净空高度不应小于 0.4m，同时应保证其下部净空（如图 4-17）高于 1.9m。

（1）坡屋顶的空间利用

对于坡屋顶的住宅，可将坡屋顶下的空间处理成阁楼的形式，作为居住和贮藏之用。当作为卧室使用时，在高度上应保证阁楼的一半面积的净高在 2.1m 以上，最低处的净高不可小

图 4-16 厨房的贮藏空间

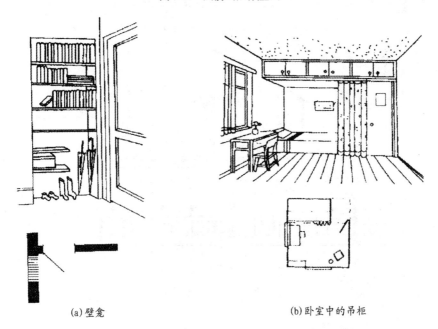

(a) 壁龛   (b) 卧室中的吊柜

图 4-17 壁龛和吊柜

于 1.5m，并应尽可能使阁楼有直接的通风和采光。联系用的楼梯可以陡一些，以减少交通面积，楼梯的坡度小于 60 度，对于面积较小的阁楼，还可采用爬梯的形式（如图 4-18）。

(2) 利用楼梯上下的空间

在室内楼梯中，楼梯的下部和上部空间是利用的重点。在楼梯下部通常设置贮藏室或小面积的功能空间，如卫生间。上部的空间则作为小面积的阁楼或贮藏室等（如图 4-19）。

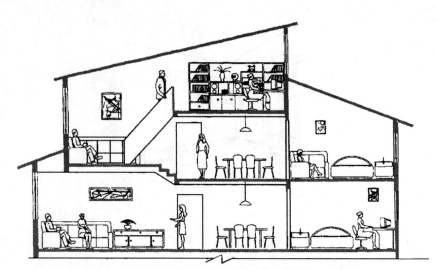

(a) 利用坡屋顶的错落使阁楼获得直接采光

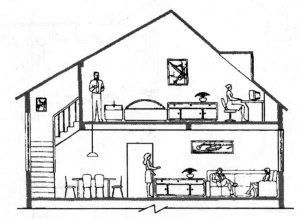

(b) 在较陡的坡屋顶上开"老虎窗"

图 4-18 坡屋顶的空间利用

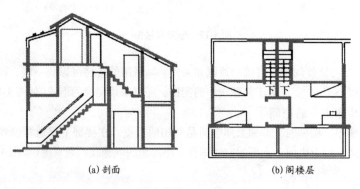

(a) 剖面　　　　　　　　　(b) 阁楼层

图 4-19 楼梯上下空间的利用

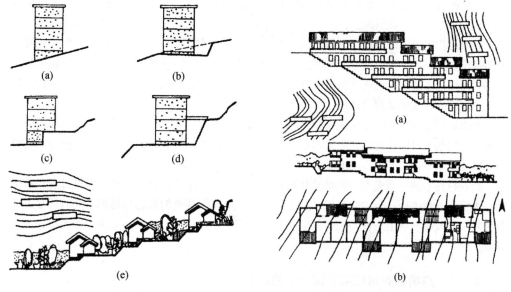

图 4-20　住宅与等高线平行布置　　　　图 4-21　住宅与等高线垂直布置

4.2.7　坡地住宅

在新农村用地中，由于地形的变化，住宅的布置应当与地形相结合。地形的变化对住宅的布置影响很大，应在保证日照、通风要求的同时，努力做到因地制宜，随坡就势，处理好住宅位置与等高线的关系，减少土石方量，降低建筑造价。通常可采用以下三种方式：

（1）住宅与等高线平行布置

当地形坡度较小或南北向斜坡时常采用这种方式，其特点是节省土石方量和基础工程量，道路和各种管线布置简便，这种布置方式应用较多（如图 4-20）。

（2）住宅与等高线垂直布置

当地形坡度较大或东西向斜坡时常采用这种方式，其特点是土石方量小、排水方便，但是不利于与道路和管线的结合，台阶较多。采用这种方式时，通常是将住宅分段落错层拼接，单元入口设在不同的标高上（如图 4-21）。

（3）住宅与等高线斜交布置

这种布置方式常常是结合地形、朝向、通风等因素，综合确定，它兼有上述两种方式的优缺点。另外，在地形变化较多时，应结合具体的地形、地貌，设计住宅的平面和剖面，即要统筹兼顾，考虑地形、朝向，又要预计到经济和施工等方面的因素。

4.3　新农村住宅的立面造型设计

新农村住宅建筑受功能要求、建筑造价等方面的限制较多，其立面形式通常变化较少。一般是在住宅的套型、平面组合、层高、层数、结构形式确定后，建筑立面和体型就基本形成了，也就是说住宅的功能性在很大程度上决定了它的立面造型，这也是造成住宅面貌千篇一律、简单呆板的主要原因。

新农村住宅立面造型设计的目的是让人造的围合空间能与大自然及既存的历史文化环境密切地配合，融为一体，创造出自然、和谐与宁静的农村住区景观。农村住区的整体景观往往需要运用住宅及其附属建筑物组成开放、封闭或轴线式的各种空间，来丰富自然条件，以达到丰富新农村住区景观的目的。

新农村住宅的立面造型是新农村生活范围内有关历史、文化、心理与社会等方面的具体表现。影响新农村住宅造型的主要因素是那一个时期农民居住需求的外在表现，随时间的流逝，其建筑造型也会产生不同的变化。

新农村住宅的立面造型应该是简朴明快、富于变化、小巧玲珑。它的造型设计和风格取向，不能孤立地进行，应能与当地自然天际轮廓线及周围环境的景色相协调，同时还必须兼具独特性以及能与住宅组群乃至住区取得协调的统一性，构成一个整体氛围，给人以深刻的印象。

4.3.1　影响新农村住宅立面造型的因素

(1)合理的内部空间设计

造型设计的形成是取决于内部空间功能的布局与设计，最终反应在外形上的一种给人感受的结果。住宅内部有着同样的功能空间，但由于布局的变化以及门窗位置和大小的不同，因而在建筑外形上所反应的体量、高度及立面也不相同。所以造型设计不应先有外形设计，而应先设计住宅内部空间，然后再进行外部的造型设计。

(2)住宅组群及住区的整体景观

新农村住宅的设计应充分考虑住宅组群乃至住区的整体效果，而且仍然应以保持传统民居原有尺度的比例关系、屋顶形式和建筑体量为依据。

(3)与自然环境的和谐关系

在农村中可感受到的自然现象，如山、水、石、栽植、泥土及天空等，都比城市来得鲜明。对可见可闻的季节变化、自然界的循环，也更有直接的感受。因此为了使得新农村住宅能够融汇到自然与人造环境之中，新农村住宅所用的材料也应适应当地的环境景观、栽植及生活习惯。为了展现农村独特的景象及强调自然的色彩，新农村住宅的立面造型应避免过度地装饰及过分地雕绘，以达到清新、自然和谐的视觉景观。

(4)立面造型组成元素及细部装饰的设计

立面造型的组成元素很多，住宅的个性表现也就在这些地方，许多平面相同的住宅，由于多种不同的开窗方法、不同的大门设计，甚至小到不同的窗扇划分，均会影响到住宅的立面造型。所以要使住宅的立面造型具有独特的风格就必须在这方面多下工夫。

4.3.2　新农村住宅立面造型的组成元素

新农村住宅立面建筑造型给人的印象虽然具有很多的主观因素，但这些印象大多数是受许多组成元素所影响，这些外观造型基本上是可以分析，并加以设计的。

（1）建筑体形

包括建筑功能、外型、比例等以及屋顶的形式。

（2）建筑立面

建筑立面的高度与宽度、比例关系、建筑外型特征的水平及垂直分刈、轴线、开口部位、凸出物、细部设计、材料、色彩及材料质感等。

（3）屋顶

屋顶的型式及坡度，屋顶的开口如天窗、阁楼等，屋面材料、色彩及细部设计。

4.3.3 新农村住宅的屋顶造型应以坡屋顶为主

屋顶造型。在我国传统的民居中，主要以采用坡屋顶为主，坡屋顶排水及隔热效果较好，且能与自然景观密切配合。坡屋顶的组合在我国民居中极是变化多端，悬山、硬山、歇山；单坡、双坡、四坡；披檐、重檐；顺接、插接、围合及穿插，一切随机应变，几乎没有任何一种平面、任何一种体形组合的高低错落可以"难倒"坡屋顶。所以，新农村住宅的屋顶造型也应尽可能以坡屋顶为主。为了使新农村住宅拥有晾晒衣被、谷物和消夏纳凉以及种植盆栽等的屋顶露天平台，也可将部分屋顶做成可上人的平屋顶，但女儿墙的设计应与坡屋面相呼应或以绿化、美化的方式处理，以减少平屋顶的突兀感。

4.3.4 新农村住宅立面造型设计的风格取向

建筑风格的形成，是一个渐进演变的产物，而且不断在发展。同时各国间、各民族之间，在建筑形式与风格上也常有相互吸收与渗透的现象。所以，在概括各种形式、风格特征等方面也只能是相对的。尽管人们对建筑形式和风格的取向，也是经常在变化的，前些年人们对"中而新"的建筑形式颇感兴趣，但是盖多了，大家不愿雷同，因此，近年来欧美之风又开始盛行。但是现代人们大多数对建筑形式的要求还是趋向于多元化、多样化和个性化，并喜欢不同风格之间的借鉴与渗透。因此，在新农村住宅的立面造型设计中，应该努力吸取当地传统民居的精华，加以提炼、改造，并与现代的技术条件和形态构成相结合，充分利用和发挥屋顶型式、底层、顶层、尽端转角、楼梯间、阳台露台、外廊和出入口以及门窗洞口等特殊部位的特点，吸取小别墅的立面设计手法，对建筑造型的组成元素，进行精心的设计，在经济、实用的原则下，丰富新农村住宅的立面造型，使其更富生活情趣，并具地方特点、民族特色、传统风貌和时代气息。图4-22为新农村住宅造型设计实例。

4.3.5 门窗的立面布置

传统的民居中，十分重视大门的位置，风水学中称大门为"气口"，因此大门一般布置在厅堂（或称堂屋）的南墙正中央。新农村住宅的设计也应该吸取这一优秀的传统处理手法，以利于组织自然通风。对于低层新农村住宅，在厅堂的上层一般都是起居厅，并在其南面设阳台，这阳台正好作为一层厅堂（堂屋）的门顶雨棚。不少新农村住宅为了便于家具陈设和家庭副业活动，常将其偏于一侧布置，这时可采用门边带窗的方法，以确保上下层立面窗户的对位，也可采用在不同的立面层次上布置不同宽度的门窗，以避免立面杂乱。

(a)

(b)

(c)

(d)

(e)

(f)

(g)

(h)

(i)   (j)

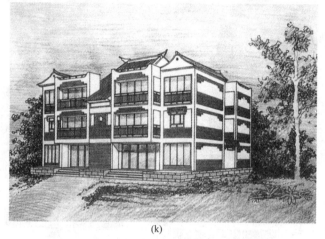

(k)

图4-22   村镇住宅造型设计实例

立面开窗应力求做到整齐统一，上下左右对齐，窗户的品种不宜太多。当同一个立面上的窗户有高低区别时，一般应将窗洞上檐取齐，以便立面比较齐整且利于过梁和圈梁的布置。当上下房间门窗洞口尺寸有大小之别时，可以采用"化整为零"或"化零为整"的办法加以处理，也可采用分别布置在立面不同的层次上，来避免立面的紊乱。

4.3.6   新农村住宅立面造型的设计手法

在住宅设计中，立面设计的主要任务是通过对墙面进行划分，利用墙面的不同材料、色彩，结合门窗口和阳台的位置等布置，进行统一安排、调整，使外形简洁、明朗、朴素、大方，以取得较好的立面效果，并充分体现出住宅建筑的性格特征。

（1）利用阳台的凸凹变化及其阴影与墙面产生明暗对比

住宅阳台是住宅建筑立面设计中最活跃的因素，因此，它的立面形式和排列组合方式对立面设计影响很大。阳台可以是实心栏板、空心栏杆，甚至是落地玻璃窗；从平面看可以是矩形，也可以是弧形等。阳台在立面上可以是单独设置，也可以将两个阳台组合在一起布置，还可以大小阳台交错布置或上下阳台交错布置，形成有规律的变化，产生较强的韵律感，丰

富建筑立面［如图4-23（a）］。

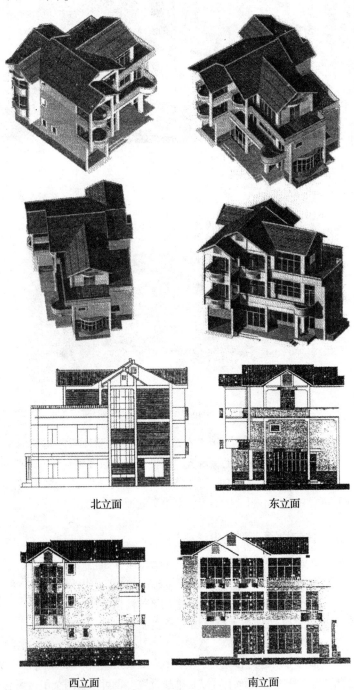

北立面　　　　　　　　　　东立面

西立面　　　　　　　　　　南立面

图4-23（a）　住宅立面的凹凸与明暗对比

（2）利用颜色、质感和线脚丰富立面

在新农村住宅外装饰中，利用不同颜色、不同质感的装饰材料，形成宽窄不一、面积大小不等的面积对比，亦可起到丰富立面的作用[如图4-23（b）]。

①墙面材料的选图。我国优秀的传统民居墙面材料多为立足于就地取材，因材致用，大量应用竹木石等地方材料，这不仅经济方便，而且在建筑艺术上具有独特的地方特色和浓郁的乡土气息。新农村住宅仍应吸取传统民居的优秀处理手法，使其与传统民居、自然环境融为一体。一般可充分暴露墙体、材料独特的质地和色彩是可以取得很好效果的。在必须另加饰面时，应尽可能选用耐久性好的简单饰面做法，如1∶1∶6水泥石灰砂浆抹粗面，其具有灰黄色的粗面，不仅耐久性好，而且施工简单、造价低。或者也可采用涂料饰面，应特别注意避免采用贴面砖、马赛克等与农村自然环境不相协调的装饰做法。

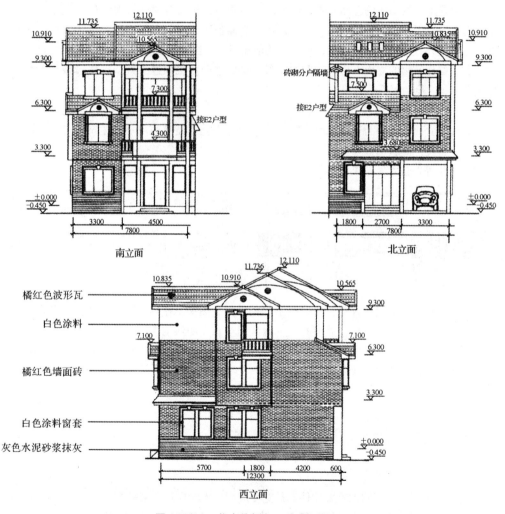

图4-23（b） 住宅的颜色、质感和线脚

②墙面的线条划分。外墙面上的线条处理，是建筑立面设计的常用手法之一，它不仅可以避免过于大面积的粉刷抹灰出现开裂，同时还可以取得较好的立面效果。一般的做法是将窗台、窗楣、墙裙、阳台等线脚加以延伸凹凸，并增加水平或垂直线条等各种线条的处理方法。也有按层设置水平的分层线的。

③墙面色彩的运用。传统的民居在立面色彩上都比较讲究朴素大方，突出墙体材料的原有颜色。南方常用的是粉墙黛瓦或白墙红瓦。而北方常用灰墙青瓦。这种处理手法朴实素雅、色泽稳定、质感强、施工简单、经济耐用。这在新农村住宅设计中应加以弘扬。为了使新农村住宅的立面设计更为生动活泼，也可采用其他颜色的涂料进行涂刷，但应注意与环境的协调，而且颜色不宜过多，以避免混杂。一般可以用浅黄、浅米色、奶油、银灰、浅橘色等比较浅淡的中性颜色作为墙体的基本色调，再调以白色的线条和线脚，使其取得对比协调的效果，从而获得活泼明快的立面效果。也可以采用同一色相而对比度较大的色彩作为墙面的颜色，都可以取得较好的装饰效果。总之，建筑立面色彩运用是否得当，将直接影响到立面造型的艺术效果，应力求和谐统一，在统一的前提下，适当注意材料质感和色彩上的对比变化，切忌在一栋建筑物的立面上出现过多的色彩、对比过于强烈和过于繁杂多样等杂乱无章的无序现象。

(3) 局部的装饰构件

在住宅立面设计中为了使立面上有较多的层次变化，经常利用一些建筑构件、装饰构件等，以取得良好的装饰效果。如立面上的阳台栏杆、构架、空调隔板以及女儿墙、通风道等的凹凸变化等丰富立面效果（如图4-24）。

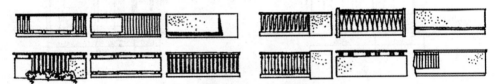

图4-24　住宅阳台立面装饰

另外，在住宅立面设计中，还可以结合楼梯间、阁楼、檐角、腰线、勒脚以及出入口等创造出新颖的立面形式。住宅立面的颜色宜采用淡雅、明快的色调，并应考虑到地区气候特点、风俗习惯等做出不同的处理。总的来说，南方炎热地区宜采用浅色调以减少太阳辐射热。北方地区宜采用较淡雅的暖色调，创造温馨的住宅环境。住宅立面上的各部位和建筑构件还可以有不同的色彩和质感，但应相互协调，统一考虑。

4.4　新农村住宅的门窗设计

4.4.1　门窗的设计要求

门是联系和分隔房间的重要构件，其宽度应满足人的通行和家具搬运的需要。在住宅中，卧室、厅堂、起居厅内的家具体积较大，门也应比较宽大；而卫生间、厨房、阳台内的家具尺寸较小，门的宽度也就可以较窄。一般是入户门最大，厨、卫门最小。门洞的最小尺寸参见表4-5。

窗的作用是通风采光和远眺，窗的大小主要取决于房间的使用性质，一般是卧室、厅堂、起居厅采光要求较高的窗面积就应大些，而门厅等房间采光要求则较低，窗面积就可小些。窗地比是衡量室内采光效果好坏的标准之一，它是指窗洞口面积与房间地面面积之比，一般为1/7～1/8，并且大小应满足表4-5的规定。在满足采光要求的前提下，寒冷地区为减少房间的热损失，窗洞口往往较小；而炎热地区为了取得较好的通风效果，窗洞口面

表4-5　住宅各部位门洞口的最小尺寸(m)

类　　别	门洞口宽度	门洞口高度
共用外门	1.20	2.00
户门	0.90	2.00
起居室门	0.90	2.00
卧室门	0.90	2.00
厨房门	0.90	2.00
卫生间、厕所门	0.70	1.80
阳台门	0.70	2.00

积可适当加大。另外，窗作为外围护构件时，还要考虑窗的保温、隔热要求。当外窗窗台距楼面的高度低于0.9m且窗外没有阳台时，应有防护措施，与楼梯间、公共走廊、屋面相邻的外窗，底层外窗、阳台门以及分户门必须采取安全防护措施。

4.4.2　营造室内清凉世界

大热天，人人都渴求凉爽。现在人们崇尚通过空调和电风扇等来获得舒爽。不少专家学者都指出，长期在空调环境生活和工作，极容易出现空调病。其实，如果能组织住宅的自然通风，不但可获得清新凉爽的空气，也还能节约能源。

拥挤使人烦躁，空旷使人凉爽。在新农村住宅设计中，各功能空间应在为室内布置安排家具的同时，留出较为宽绰的活动空间。给人以充满生机的恬淡情趣。也自然会使人们感到轻松愉快，心情舒畅。

以南向的厅堂为主，把其他家庭共同空间沿进深方向布置，一个一个开放地串在一起，便可以组织起穿堂风，给人带来凉爽。在南方还可以吸取传统民居的布置手法，在大进深的住宅中利用天井来组织和加强自然通风。

热辐射是居室闷热的直接原因。应在向阳的门窗上设置各种遮阳措施，避免阳光直射和热空气直接吹进室内。屋顶和西山墙应做好隔热措施。把热辐射有效地挡在室外，室内自然也会清爽许多。

此外，还可以通过加强绿化，以便更好地遮挡阳光，吸收热辐射，以营造室内清凉世界。

4.5　新农村住宅的技术经济指标

住宅属于大量性民用建筑，住宅建设资金的投入在国民经济中占很大的比例，因此，住宅建设的经济性就显得十分重要。在住宅设计中计算的各项技术经济指标，是住宅从计划、规划到施工管理各阶段技术文件的重要组成部分，规范要求必须在设计中明确在设计图纸中明确地进行表达。经济指标的统一计算有利于工程投标、方案竞赛、工程立项、报建、验收、

结算以及分配、管理等各环节的工作，可以有效地避免各种矛盾的产生。

4.5.1　户内使用面积

住宅户内使用面积是指住户实际使用的套内面积，是计算住宅技术经济指标的基础。它包括住宅户门内独自使用的卧室、起居厅、厨房、卫生间、餐厅、过道、门厅、贮藏室等各功能空间以及壁柜等使用空间的面积，但不包括户内的管道井、烟囱所占面积。

另外，阳台面积需按结构底板投影净面积单独计算，不计入每套使用面积或建筑面积内。有关套内使用面积的计算应遵照以下几点进行：

①各功能空间使用面积的计算是按其结构墙体表面尺寸计算，有复合保温层时，按复合保温层表面尺寸计算。

②跃层住宅中的套内楼梯按自然层数的使用面积总和计入使用面积。

③利用坡屋顶空间时，顶板下表面与楼面的净高低于1.2m的空间不计算使用面积，净高在1.2~2.1m的空间按1/2计算使用面积；净高超过2.1m的空间全部计入使用面积，但坡屋顶的面积需单独计算。

4.5.2　标准层面积

标准面积应包括标准层建筑面积和标准层使用面积。标准层建筑面积按外墙结构外表面及柱外沿或相邻界墙轴线所围合的水平投影面积计算，粉刷层可以省略，但当外墙设保温层时，应按保温层外表面计算。标准层使用面积，是标准层中各套内使用面积的总和。

4.5.3　标准层使用面积系数

标准层使用面积系数等于标准层使用面积除以标准层建筑面积，用百分数（%）表示。它是计算套内建筑面积的基础，也就是说计算套型建筑面积，应首先计算出标准层使用面积系数，套型建筑面积等于套内使用面积除以标准层的使用面积系数。

4.5.4　有关住宅节能几项指标

为改善人们的生活和工作条件，降低环境污染和能源消耗，促进城乡建设和国民经济的可持续发展，在住宅设计中应遵照《民用建筑节能设计标准（采暖居住部分）》（JG26－95），提高能源利用率、降低能源消耗，涉及建筑设计内容主要有以下几项指标：

（1）体型系数

它是指建筑物与室外大气接触的外表面积与其所包围的体积的比值，外表面积中，不包括地面和不采暖楼梯间隔墙的面积。体型系数大则表示外表面积大，建筑物的散热面多，不利于建筑节能。因此，"节能设计标准"提出，建筑体型应力求简单，尽量减少建筑物外表面积，其体型系数宜控制在0.30及0.30以下，若体型系数大于0.30，则屋顶和外墙应加强保温，并应符合相应规定。

（2）窗墙（地）面积比

它是指窗户洞口面积与房间立面（地面）单元面积（即建筑层高与开间定位轴线围成的面

积)的比值。开窗面积越大，则对室内保温、隔热越不利，因此标准中也对各朝向窗墙面积比作了规定(如表4-6)。

表4-6 不同朝向的窗墙面积比和窗地比

朝向	窗墙面积比	房间名称	侧面采光	
			采光系数最低值(%)	窗地面积比值
北	0.25			
东、西	0.30	卧室、起居厅、厨房	1	1/7
南	0.35	楼梯间	0.5	1/12

(3)层高

住宅的层高不应过大，按要求规定住宅的层高以 2.6~2.8m 为宜，一般不应超过 2.9m。住宅的层高越大，建筑总高度就大，相应的日照间距就大，而且住宅的层高大，其室内空间体积就大，所需的能量就多，因此住宅的层高越大，对于建筑的节地、节能均不利。另外，利用坡屋顶空间作卧室时，其一半以上面积净高不应小于 2.1m，其余部分最低处净高不应小于 1.5m。

5

新农村生态住宅的设计

可持续发展是指在满足我们这一代人需求的同时，不能危及我们子孙后代满足他们需求的能力。1999 年国际建协《北京宪章》又提出了"建立人居环境体系，将新建筑与城镇住区的构思、设计纳入一个动态的、生生不息的循环体系之中，以不断提高环境质量"的设计原则。新农村住宅量大面广，是城乡生态系统中的重要环节，更应积极发展绿色生态住宅。

5.1 新农村生态住宅的基本概念

5.1.1 传统聚落"天人合一"的生态观

在优秀传统建筑文化风水学的熏陶下，我国的传统新农村聚落，都尽可能地顺应自然，或者虽然改造自然却加以补偿。聚落的发生和发展，充分利用自然生态资源，非常注意节约资源，巧妙地综合利用这类资源，形成重视局部生态平衡的"天人合一"生态观。经长期实践，人们逐渐总结出适应自然、协调发展的经验，这些经验指导人们充分考虑当地资源、气候条件和环境容量，选取良好的地理环境构建聚落。在围合、半围合的自然环境中，利用被围合的平原、流动的河水、丰富的山林资源，既可以保证村民采薪取水等生活需要和农业生产需要，又为村民创造了一个符合理想的生态环境。

从对自然的尊崇到对自然的适应，聚落的地方性特征很大程度上就是适应自然生态的结果。聚落在形成过程中采用与自然条件相适应的取长补短的技术措施，充分利用自然能源，就地取材。也正是由于各地气候、地理、地貌以及材料的不同，使得民居的平面布局、结构方式、外观和内外空间处理也不同。这种差异性，就是传统聚落地方特色的关键所在。先民们"天人合一"的生态平衡乃至表现为风俗的具体措施，至今仍有积极意义，尤其是充分利用自然资源、节约和综合利用等思想，仍然可供今天加以选择和汲取。

5.1.2 新农村生态住宅的基本概念

生态住宅是一种系统工程的综合概念。它要求运用生态学原理和遵循生态平衡可持续发展的原则，设计、组织建筑内外空间中的各种物质因素，使物质、能源在建筑系统内有秩序地循环转换，获得一种高效、低耗、无废弃物、无污染、生态平衡的建筑环境。这里的环境不仅涉及住宅区的自然环境，也涉及人文环境、经济环境和社会环境。新农村生态住宅应立足于将节约能源和保护环境这两大课题结合起来。其中不仅包括节约不可再生的能源和利用可再生洁净能源，还涉及节约资源(建材、水)、减少废弃物污染(空气污染、水污染)以及材料的可降解和循环使用等。新农村生态住宅要求自然、建筑和人三者之间的和谐统一，共处共生。

规划设计需结合当地生态、地理、人文环境特性，收集有关气候、水资源、土地使用、交通、基础设施、能源系统、人文环境等各方面的资料，使建筑与周围的生态、人文环境有机结合起来，增加村民的舒适和健康，最大限度地提高能源和材料的使用效率，减少施工和使用过程中对环境的影响。

我国还是一个发展中的国家，资源有限，由于地域条件、气候条件、民族习惯、经济水平、技术力量的差异，在新农村生态住宅的建设中应积极运用适宜技术。

5.2 新农村生态住宅的设计原则

5.2.1 因地制宜，与自然环境共生

(1)要保护环境

即保护生态系统，重视气候条件和土地资源并保护建筑周边环境生态系统的平衡。要开发并使用符合当地条件的环境技术。由于我国耕地资源有限，在新农村住宅设计中，应充分重视节约用地，可适当增加建筑层数，加大建筑进深，合理降低层高，缩小面宽。在住宅室外使用透水性铺装，以保持地下水资源的平衡。同时，绿化布置与周边绿化体系应形成系统化网络化关系。

(2)要利用环境

即充分利用阳光、太阳能，风能和水资源，利用绿化植物和其他无害自然资源。应使用外窗自然采光，住宅应留有适当的可开口位置，以充分利用自然通风。尽可能设置水循环利用系统，收集雨水并充分利用。要充分考虑绿化配置以软化人工建筑环境。应充分利用太阳能和沼气能。太阳能是一种天然、无污染而又取之不尽的能源，应尽可能利用它。在新农村住宅中可使用被动式太阳房，采用集热蓄热墙体作为外墙。在阳光充足而燃料匮乏的西北地区应推荐采用。

(3)防御自然

即注重隔热、防寒和遮蔽直射阳光，进行建筑防灾规划。规划时应考虑合理的朝向与体型，改善住宅体形系数、窗地比，对受日晒过量的门窗设置有效的遮阳板，采用密闭性能良好的门窗等措施节约能源。特别提倡使用新型墙体材料，限制使用黏土砖。在寒冷地区应采用新型保温节能外围护结构；在炎热地区应做好墙体和屋盖的隔热措施。

总之，要因地制宜，就地取材，充分利用当地资源能采用现代新技术，创造可持续发展的新农村住宅。

5.2.2 节约自然资源，防止环境污染

(1)降低能耗

即注重能源使用的高效节约化和能源的循环使用。注重对未使用能源的收集利用，排热回收，节水系统以及对二次能源的利用等。

(2)住宅的长寿命化

应使用耐久的建筑材料，在建筑面积、层高和荷载设计时留有发展余地，同时采用便于对住宅保养、修缮和更新的设计。

(3)使用环境友好型材料

即无环境污染的材料、可循环利用的材料以及再生材料的应用。对自然材料的使用强度应以不破坏其自然再生系统为前提，使用易于分别回收再利用的材料，应用地域性的自然建筑材料以及当地的建筑产品，提倡使用经无害化加工处理的再生材料。

5.2.3 建立各种良性再生循环系统

①应注重住宅使用的经济性和无公害性。应采用易再生及长寿命的建筑消耗品，建筑废水、废气应无害处理后排出。农村规模偏小，居住密度也小。农村住宅从收集生活污水的管道设施、净化污水的污水处理设施，以及处理后的水资源和污泥的再利用设施等的建设带来很大问题。主要困难是建设和维护运行费用的解决。因此，因地制宜地选择合理的处理方案，对新农村生活污染的治理极端重要。尤其是规模较小的村庄，必须考虑到住宅分散、污水负荷的时间变动大以及周围环境自净能力强的特点，用最经济合理的办法解决这些农村的生活污染问题，保持新农村的生态环境。

②要注重住宅的更新和再利用。要充分发挥住宅的使用可能性，通过技术设备手段更新利用旧住宅，对旧住宅进行节能化改造。

③住宅废弃时注意无害化解体和解体材料再利用。住宅的解体不应产生对环境的再次污染，对复合建筑材料应进行分解处理，对不同种类的建筑材料分别解体回收，形成再资源化系统。

5.2.4 要注重对古村落的继承以及与乡土建筑的有机结合

应注重对古建筑的妥善保存，对传统历史景观的继承和发扬，对拥有历史风貌的古村落景观的保护，对传统民居的积极保存和再生，并运用现代技术使其保持与环境的协调适应，继承地方传统的施工技术和生产技术。要保持村民原有的出行、交往、生活和生产优良传统，保留村民对原有地域的认知特性。因我国地域辽阔，各地的气候和地理条件、生活习惯等差别很大，统一的标准和各地适用的方案是不存在的。在新农村住宅设计中，既要反映时代精神，有时代感，又要体观地方特色，有地域特点。即要把生活、生产的现代化与地方的乡土文脉相结合，创造出既有乡土文化底蕴，又具有时代精神的新型新农村住宅。

5.3　新农村生态住宅设计的技术措施

新农村生态住宅建筑设计节约资源技术措施大致可分为"节流"和"开源"两种模式。"节流"指的是减少新农村社区建筑消耗量的资源，包括资源消耗数量数值的绝对减少和提高资源利用效率造成的资源消耗量相对减少两种方式，其基本要求是不能牺牲建筑的舒适性为代价。"节流"的技术措施包括控制建筑形态、提高建筑热工性能、使用新型建材、降低水电消耗等等。"节流"多是针对传统常规资源的措施，"开源"则主要是针对开发利用非常规资源而言的，例如太阳能。

新农村生态住宅建筑设计中常用节约资源技术措施包括：慎重控制建筑形态、精心处理建筑构造、充分利用太阳能技术和积极推广沼气池等。

5.3.1　慎重控制建筑形态

建筑物的形态与节能有很大关系，节能建筑的形态不仅要求体型系数小，即田护结构的总面积越小越好，而且需要冬季辐射得热多，另外，还需要对避寒风有利。

①减少建筑面宽，加大建筑进深，将有利于减少热耗。

②增加建筑物层数，加大建筑体量，可降低耗热指标。

③建筑的平面形状也直接影响建筑节能效果，不同的建筑平面形状，其建筑热损耗值也不同。严寒地区节能型住宅的平面形式应追求平整、简洁，南北方建筑体型也不宜变化过多。

5.3.2　精心处理建筑构造

(1)墙体节能技术

在节能的前提下，发展高效保温节能的外保温墙体是节能技术的重要措施。复合墙体一般用砖或钢筋混凝土作承重墙，并与绝热材料得复合；或者用钢或钢筋混凝土框架结构，用薄壁构料夹以绝热材料作墙体。外保温墙体主体墙可采用各种混凝土空心砌块、非黏土砖、多孔黏土砖墙体以及现浇混凝土墙体等。绝热材料主要是岩棉、矿渣棉、玻璃棉、膨胀珍珠岩、膨胀蛭石以及加气混凝土等。其构造做法有：

①内保温复合外墙。将绝热材料复合在外墙内侧即形成内保温。施工简便易行，技术不复杂。在满足承重要求及节点处不结露的前提下，墙体可适当减薄。

②外保温复合外墙。将绝热材料复合在外墙外侧即形成外保温，外保温做法建筑热稳定性好，可较好地避免热桥，居住较舒适，外围护层对主体结构有保护作用，可延长结构寿命，节省保温材料用量，还可增加建筑作用面积。

③将绝热材料设置在外墙中间的保温材料夹芯复合外墙。

(2)门窗

在建筑外围护结构中，改善门窗的绝热性能是住宅建筑节能的一个重要措施，包括：

①严格控制窗墙比。

②改善窗户的保温性能，减少传热量。

③提高门窗制作质量，假设密封条，提高气密性，减少渗透量。

（3）屋面

屋面保温层不宜选用容量较大、导热系数较高的保温材料，以防屋面重量、厚度过大；不宜选用吸水率较大的保温材料，以防止屋面湿作业时，保温层大量吸水，降低保温效果。

屋面保温层有聚苯板保温层面、再生聚苯板保温层面、架空型岩棉板保温层面、架空型玻璃棉保温层面、保温拔坡型保温层面、倒置型保温层面等屋面，做法应用较多的仍是加气混凝土保温，其厚度增加 50 ~ 100mm。有的将加气混凝土块架空设置，有的用水泥珍珠岩、浮石砂、水泥聚苯板、袋装膨胀珍珠岩保温，保温效果较好。高保温材料以用聚苯板上铺防水层的正铺法为多。倒铺法是将聚苯板设在防水层上，使防水层不直接受日光暴晒，以延缓老化。

坡屋顶较便于设置保温层，可顺坡顶内铺钉玻璃棉毡或岩棉毡，也可在天棚上铺设上述绝热材料，还可铺玻璃棉、岩棉、膨胀珍珠岩等松散材料。

另外，还可以采用屋顶绿化设计，涵养水分，调节局部小气候，具有明显的降温、隔热、防水作用。同时减少了太阳对屋顶的直射，从而还能延长屋顶使用寿命并具有隔热作用。屋顶绿化还使楼上居民都拥有自家的屋顶花园，更加美化整个新村社区的绿化环境。

（4）遮阳

夏季炎热地区，有效的遮阳可降低阳光辐射，减少 10% ~ 20% 居住建筑的制冷用能。主要技术是利用植物遮阳，采用悬挂活百叶遮阳。

（5）通风

夏季炎热地区，良好的通风十分重要。

①组织室外风。

②窗户朝向会影响室内空气流动。

③百叶窗板会影响室内气流模式。

④风塔。其原理是热空气经入口进入风塔后，与冷却塔接触即降温，变重，向下流动。在房间设空气出入口（一般出气口是入气口面积的 3 倍），则可将冷空气抽入房间。经过一天的热交换，风塔到晚上温度比早晨高；晚上其工作原理正好相反。这种系统在干热气候中十分有效。中东地区许多传统建筑有这种系统。一般 3 ~ 4m 的风塔可形成室内风速为 1m/s 的 4 ~ 5℃ 的气流。此系统无法在多层公寓中见效，仅在独立式住宅中有效，可用于干热地区新农村社区建设中。

⑤太阳能气囱。其原理是采用太阳辐射能加热气囱空气以形成抽风效果。影响通风速率的因素有：出入气口的高度、出入气口的剖面形式、太阳能吸收面的形式、倾斜度。这种气囱适用于低风速地区，可以通过获得最大的太阳能热来形成最大通风效果。

⑥庭院效果。当太阳加热庭院空气，使之向上升，为补充它们，靠近地面的低温空气通过建筑流动起来，形成空气流动。夜间工作原理反之。应注意当庭院可获取密集太阳辐射时，会影响气流效果，向室内渗入热量。

5.3.3 充分利用太阳能技术

太阳能在当前新农村生态住宅单体设计中的利用方式主要有太阳能采暖与空调、太阳能供热水。

（1）太阳能采暖与空调系统

①被动式太阳能采暖系统。被动式太阳能采暖系统是指利用太阳能直接给室内加热，建筑的全部或一部分既作为集热器又作为储热器和散热器。可分为直接得热式、集热墙式、附加阳光间式和三者的组合式：

a. 直接得热式：其原理是冬季让阳光从南窗直接射入房间内部，用楼板、墙体、家具设备等作为吸热和储热体，当室温低于储热体表面温度时，这些物体就像一个大的低温辐射器那样向室内供暖。为了减少热损失，窗户夜间必须用保温窗帘或保温板覆盖。房屋围护结构本身也要有高效的保温。夏季白天，窗户要有适当的遮阳措施，防止室内过热。

b. 集热墙式：在直接受益式太阳窗后面筑起一道重型结构墙（特朗伯集热墙），该墙表面涂有吸收率高的涂层，其顶部和底部分别开有通风孔，并设有可控制的开启活门。

c. 附加阳光间式：这种太阳房的南墙外设有附加温室是集热墙式的发展，即将集热墙的墙体与玻璃之间的空气夹层加宽，形成一个可以使用的空间——附加温室，其机理完全与集热墙式太阳房相同。

②主动式太阳能采暖系统。主动式太阳能系统主要由集热器、管道、储热物质、循环泵、散热器等组成，其储热物质是水或者空气。由于热量的循环需要借助泵或风扇等产生动力，因而称为主动式系统。

③混合式太阳能采暖系统。被动式和主动式相结合的太阳能采暖系统称为混合系统。在混合系统中，主动式系统储热系能保存住热量供夜间使用，而被动式系统则可以在白天直接使用，两种方式可以非常有效地相互补充，达到最佳效果。

（2）太阳能供热水系统

太阳能供热水系统目前广泛应用的是太阳能热水器。最为常用的有平板太阳能热水器、真空管热水器和闷晒式热水器三种。

5.3.4　积极推广沼气池

建造沼气池利用人、畜粪便发酵造气，不仅提供了理想的能源，节省大量的煤、电、柴、秸秆、草等能源和燃料，改进农村的环境卫生，而且还可提高粪便的肥效，扩大肥源，促进农业生产的发展，具有较好的经济和社会环境效益。

（1）沼气池的类型和组成

沼气池有圆形、球形、圆柱形、坛子形和长方形等形式。目前使用得较多的是球形、圆形，主要是因为这种形状有受力合理、节省材料、施工简易等优点，各种池形构造详见GB4750—4752—84国家标准图集。

按建造沼气池的材料分主要有混凝土沼气池、三合土沼气池、片石砌沼气池、砖砌沼气池等。建造时应就地取材，因地制宜选用。

沼气池的类型很多，但其基本构造是大体相同的。主要由进料管、发酵池、气箱、天窗、活动盖、导气管、出料管、搅拌器等部分组成（见图5-1）。

①进料管。用作输送发酵原料到发酵间的通道，一般做成半漏斗形式的直圆管，不要拐

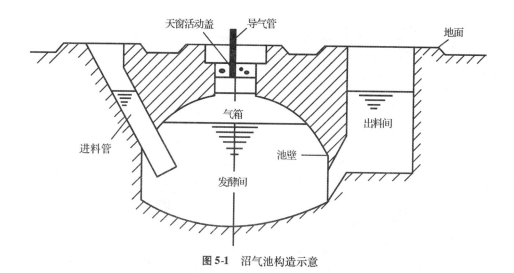

图5-1　沼气池构造示意

弯便于进料和直竿伸至池底。进料管可与厕所、猪圈粪槽连通。进料管上口平时应加盖活动盖板。

②发酵池、气池。发酵池接受进料管送来的原料，并储存发酵，产生沼气上升至气池中贮存。通常发酵池与气池是一个整体，也是沼气池的核心部分。其体积称为沼气池的池容积，气池上部设有天窗及通向用户的导气管。

③天窗和活动盖。天窗设在气池盖板中央，通常为圆形，直径为500～600mm。为了防止盖板漏气，常在活动盖板上设有水压箱。

④导气管。导气管是输送沼气的竹道，常用铸铁管、钢管、硬塑料管、陶土管等，一端固定于气池盖板上，另一端通向沼气用具。

⑤出料管。用来清理发酵后的原料沉渣。其大小要满足出料方便的需要：大中型池出料管上口扩大成出料间，以便放下木梯清渣。出料竹上口宜加活动盖板。

⑥搅拌器。主要用来搅拌发酵池中的液体，以及清理液面上的结壳，便于保证正常产气。一般家用沼气池搅拌器可采用木棒或竹竿。

(2) 沼气池设计实例

①球形沼气池设计实例。6m³混凝土球形沼气池见图5-2。

②圆形沼气池设计实例。6m³混凝土圆形沼气池见图5-3；8m³三合土砖砌圆形沼气池见图5-4。

图5-3、图5-4为圆形沼气池，建筑面积为14m²，挖土深度为2.34m，有效容积为8m³，每天均产沼气12m³左右，可供5～6口人家使用。

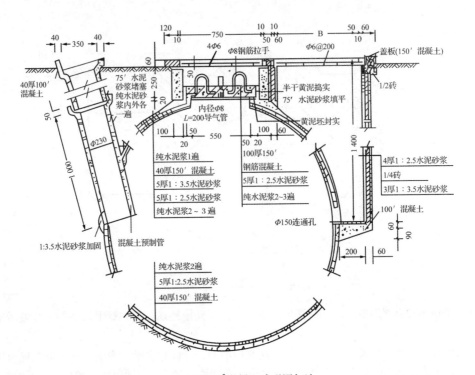

图 5-2　6m³混凝土球形沼气池

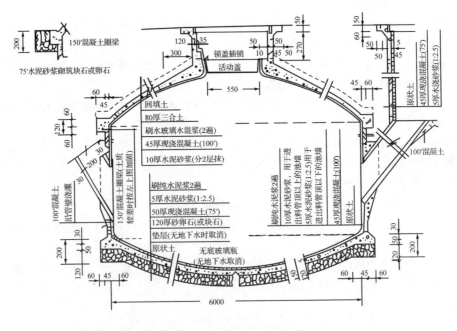

图 5-3　6m³混凝土圆形沼气池

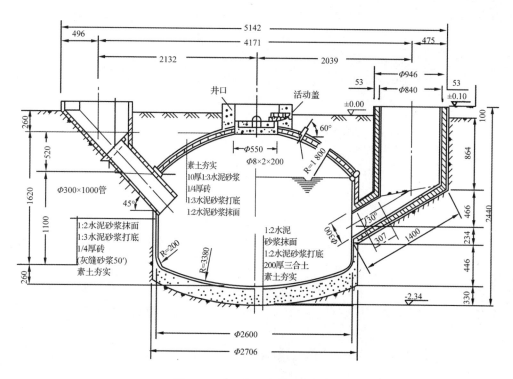

图 5-4　8m³三合土砖砌圆形沼气池

6 新农村住宅建设试点探析

6.1 新农村住宅建设试点的意义

新中国的农村住宅建设在20世纪曾经历了50年代盖草房、60年代盖瓦房、70年代加走廊、80年代盖楼房。改革开放以来，农村经济得到迅猛发展。农村建房的热潮随之兴起，为了适应发展的需要，20世纪70年代末原国家建委成立了农村房屋建设办公室，同时在北京昌平柴河进行了平房改楼房的试点；推动了全国农房建设向楼房发展。20世纪90年代初，原建设部又在天津大邱庄进行农村住宅建设的试点，开展了村镇建设从抓规划设计到建造施工全过程的试点研究，进一步推动了全国农村住宅建设的试点，随之开展的"625"工程，使得村镇建设在全国范围内进行了广泛深入地试点，同时还成立了建设部村镇建设试点办公室。部领导明确地提出了村镇住宅建设应努力做到"标准不高水平高，造价不高质量高，面积不大功能全，占地不多环境美。"引导广大群众努力完善基础设施建设，改善居住环境质量，不断提高建房水平。

1993年国家科委和建设部联合推出"2000年小康型城乡住宅科技产业工程"的研究课题，笔者在1994~1997年间作为"2000年小康型城乡住宅科技产业工程村镇住宅综合技术"研究课题负责人，并于1994年任第一起草人负责《2000年小康型城乡科技产业工程村（镇）示范小区规划设计导则（试行）》的编制，在研究过程中，根据领导要求的精神再三强调开展试点的重要性，并亲自深入基层进行了调查研究，得到很多的启发。

在各级领导的重视和督促下，凡是认真深入开展试点的地方，都让广大群众亲眼目睹试点的成果，得到大力的支持和拥护。试点工作为全国农村住宅建设树立了榜样。发挥了极为积极的推动作用。

6.2 新农村住宅建设试点的实践

新农村住宅建设试点有着极为明显的作用，但如何做好试点工作呢？只有在不断深入基层进行实践中，才能有较为深刻的体会。下面就几个问题进行分析。

6.2.1 明确定位，目标鲜明

新农村住宅建设虽然可以改善居住环境，提高生活质量。但更为根本的则在于促进经济、社会、文化的繁荣和发展，这一点在农村住宅建设中，更为重要。因此，搞试点一定要明确定位，才能有鲜明的试点目的。福清市上一住宅试点小区建设规划依始，针对福清市龙田镇原先居民住宅，少则四、五层，多则七、八层。各级领导干部、管理人员、设计人员和群众代表共同座谈，反复研究，提出了不能再搞炮楼式建筑，必须把层数降下来，面积减下来，环境做起来。通过努力把层数降低至二层半（即三层），形成了清溪流淌，小山依偎，门前屋后栽植各种花草，环境舒适、优美的住宅小区。

福建龙岩新罗区龙门镇洋畲村，虽然在龙岩市的郊区，离 319 国道仅 4km，但却是一个地处群山环抱、山高路陡的典型偏僻小山村，它是一个革命基点村，也是一个果树专业村。这里交通运输不如平原村镇便捷，经济也远不如沿海地区发达。但其却有着优越的生态环境和致富的资源。1999 年，经过实地调查、分析研究和反复讨论，提出了在保护生态环境，促进经济、社会、文化统筹发展的前提下，通过旧村改造，把洋畲建成生态旅游新村，以促进经济发展的规划原则。高起点的规划定位，深得民心，激发了群众按规划进行旧村改造的热情。

6.2.2 尊重群众，善加引导

在新农村的住宅建设中，由于群众都是直接的投资者，因此群众的参与比起城市来，有着更为明显的重要性。过去往往也都把农村建设中存在的问题都归根于群众的落后和攀比。只有通过深入基层，在反复地与群众的接触中，才能体会到群众的真诚和纯朴，群众所祈望的是安居，这简单朴实的要求是十分纯洁的。只有深入基层，熟悉群众、理解群众，才能真正尊重群众，想群众之所想，试点才能够顺利进行。龙岩市洋畲村的试点，也是一个典型的例子。由于群众对规划方案改变住宅朝向的建议不能接受，开了几十次会，规划方案一直没法定下来，后来通过思想方法的改变，管理人员、设计人员改变了思想方法，切身处地加以认真考虑。带着尊重群众，真心诚意帮助群众寻找适宜居住环境的强烈愿望，清除厌烦情绪，耐心地挨家挨户进行调查研究，寻找典型，踏勘周围环境，用群众喜闻乐见的语言来说服群众，解除了群众的顾忌。从而使略为调整后的规划方案得到通过。取得了民心，得到群众的积极参与、互相监督。极其认真地严格按照施工图进行施工。从而为试点工作的开展，起到了可贵的示范作用。

6.2.3 规划为先，营造特色

搞好规划设计，是促进新农村住宅建设健康发展的保证。设计住宅就是设计生活，这一点在新农村住宅建设中尤为重要。农村住宅由于受社会、文化、经济、自然地理条件和民情风俗的影响，不仅与城市住宅有着很多不同的要求，即使同为新农村住宅，也因地域的不同，周围环境的变化也有一定的差异，即使在同一个区域也随着位置的不同，使用要求也会有所变化。因此要做好新农村住宅和新农村的规划。首先就要弘扬传统，注重生态保护，努力利用大自然，做到住宅与自然环境的协调共存。同时必须重视借鉴当地传统民居的优秀建筑文化，运用现代技术，展现各具乡土特色的新型农村住宅。这不仅表现在功能空间的设置和平面功能布局上，而且还必须特别重视与周围自然环境的协调，以及建筑立面造型的设计。

6.2.4　科学决策，善加引导

新农村住宅建设的主要对象是广大的农民，应充分理解农民对住宅建设的投资，来之不易。因此必须更加重视科学决策，对待群众的顾忌必须用耐心、用群众喜闻乐见的语言善加引导。

6.2.5　认真落实，顺序渐进

群众是十分纯朴和真诚的，他们以"眼见为实"为根据，所以在试点工作中，必须根据经济条件和强烈愿望分期分批地进行。尤其对第一期、第一幢更是群众所瞩目的。第一批、第一期、第一幢要一抓到底，帮助群众做好预算和施工交底，落实材料、抓工期、抓施工管理。必须切实严格按图施工。这一些都要做到干部带头，尊重设计，认真落实，使其形成严格执行规划设计的风气，获得群众的信任，便可为全面铺开试点工作创造一个良好的开端。

对于新农村住宅建设，如果能按统一规划设计，统一开发建设，统一管理监督是极为理想的，但从实际情况来看，新农村住宅建设中还有一大部分得取决于各地的经济发展水平，要完全做到统一是有一定困难的，只要各级重视，加强监督管理，只要严格做到统一规划设计，分期分批采用各种不同的建设方法，也是可行的。

对于根据经济条件分期分批进行建设，首先必须在规划设计中合理地分区、有序的组织，福建南安英都镇的溪益村建设，做出了有益的探讨。这在广大农村的住宅建设中，具有一定的普通意义的。在农村住宅的建设中，很多住宅建设是很难一次完成的，不少也还得分期逐步建成。我们必须尊重经济发展的现实，在设计中认真考虑分期的可能。在试点中也不能急于求成，要有实事求是的精神。

6.2.6　学习试点，注重精神

各地根据各自的具体情况进行了很多的试点和各种各样的试点，也都取得了很多的经验。应该说各地的试点都是根据各地不同的经济发展阶段、不同的环境条件，不同的时期人们的认识水平等采取不同的措施，进行不同的试点。比如上面所述福清市龙田镇上一住宅示范小区的试点目的首先是要把层数降下来，面积减下来，环境做起来，我们就应该学习它采取什么办法来完成试点目标，以及试点所产生的影响，看到只要严格执行统一规划设计，严格监督管理，搞好新农村住宅建设是有可能，也是各地都能做到的，其他不足之处，即应该吸取教训。至于造价的高低即应量力而行。应该深刻地认识到造价高低不是影响标准的关键，真正的影响试点成败的因素是精神，是设计。龙岩市新罗区的洋畲村每幢建筑面积达到 $270m^2$ 的二层半住宅造价当年(2000 年)仅为人民币 8 万元，但其功能齐全，平面布局合理，立面造型也颇具地方传统风貌和时代气息，深受群众的欢迎。

因此，向试点学习，必须注重学习试点的精神。试点的推广，也应推广试点的精神。

6.3 设计合民意，试点显端倪

搞好农村住宅建设，可以推动农村的经济、社会、文化统筹发展，这对加快我国的城镇化进程，缩小城乡差别，扩大内需，拉动国民经济持续发展，都具有极其重要的作用。

近十几年来，福建省采取抓好试点，典型引路的办法，探索不同的经济社会发展水平、不同的自然地理条件、不同类型农村住宅的建设途径和方式，探索推动农村经济和社会发展、加快城镇化进程的有益经验，探索具有地方特色的新农村住宅建设途径。搞好农村新规划、设计，是促进农村健康发展的保证。在试点工作中，以规划设计为先导。各级领导干部和设计人员从熟悉群众到理解群众，从而自觉地尊重群众，带头更新观念，通过深入基层，切身处地为群众着想，调动了广大群众的积极性，改变了农村不科学的建房方式，采用了新的设计理念，结合农村地域、习俗和环境的特点，设计具有地方特色、现代气息和可持续发展的新农村住宅方案。新农村住宅的建设实行统一规划、统一设计，按图施工，加强管理的办法，使新农村住宅建设有了一个质的飞跃，试点工作已初见成效。

这些优秀小区和试点工程虽然不是尽善尽美，但它们都具有"重视规划、尊重规划"的长处，都能较为重视提高环境质量、合理布局以及特色的塑造。因此，深得广大群众的青睐。

实践证明，不仅沿海富裕农村可以建设好试点，而且在闽西、闽北等不太富裕的山区，照样可以搞好新农村住宅小区的建设试点。试点工作虽然取得一些可贵的经验，但也存在着一些亟待解决的问题，必须认真对待，深入研究。

6.3.1 洋畲芦柑红满山

《福建村镇》(2000年第二期)记者在《为了农民兄弟长住久安——福建省级村镇试点住宅小区建设巡礼》一文中描写道：2月28日傍晚，阴雨绵绵，越野吉普沿着弯弯的山道，盘山行驶4km来到洋畲。顿时，全村锣鼓声、鞭炮声此起彼伏。整个洋畲村都动起来了，老年人个个露出笑脸，年轻人脸上挂着盖新房建新村的喜悦，小孩子更是高兴地雀跃嬉笑。有位老太太拉着我们的手，动情地说："我们能盖起这么好的新房，真是一辈子也不敢想的"。我们正在与镇、村干部座谈如何把新村建设得更好，这时村民把我们团团围住，时有阵阵掌声表达他们对新村建设的祈求和渴望。当我们要离开洋畲时，刚刚静下来的山谷，又响起阵阵锣鼓声、鞭炮声。我们走到哪家门前、哪一家就点燃一长串大鞭炮。有一位老农民看见我们快走到他的家门口，赶紧跑回家扛出一串长达2m的鞭炮燃放。老区人民的深情，既是热烈欢迎我们，更是表达他们真诚拥护新村建设，建设新村确是人心所向，是为农民办了一件实实在在的好事。

当大家看到这样的报道后，一定会感到奇怪。盖新房、建新村。的确是件大好事，值得高兴的事，但家家户户为什么都这样热情，这样欢欣雀跃呢？这是因为洋畲新村的建设，真真正正地做到"合民意，得民心"，所以才有这种发自内心的激情。

龙岩市新罗区龙门镇的洋畲村，离"319"国道仅4km，但却是一个地处群山环抱，山高路陡，海拔650m(高于龙岩市区近400m)的典型偏僻小山村，还是一个革命基点村。交通远不如平原新农村便捷，经济也不如沿海新农村发达。毛竹是过去村民的唯一经济来源。他们长年累月住在建于清末民国的破旧黑暗的土楼里。1988年，村长李明星和他叔叔，双双到外地学习种植果树技术，并获得成功，随后就带领全村种植芦柑，户均种植6亩[①]多，由于650m高海拔的狮子山，甜美的千年池，种植出的芦柑，以其高海拔所形成甘甜而独具特色，远销省内外及东南亚国家，极受欢迎。洋畲人勤劳上进，靠科技致富。开始关注生活质量，迫切要求改善居住条件。1999年初，洋畲开始进行旧村改造规划，但规划方案一次又一次地被群众否定了。这时正好赶上省建设厅到龙岩进行村镇住宅小区建设试点的选点。新罗区建委和龙门镇政府十分重视，大力举荐。并一同深入到群众中去。了解到根本矛盾是，群众强烈要求按照旧村原有民居坐南朝北布置，对规划设计改变朝向的建议不能接受，这也就是规划与民间的"风水观"相矛盾。怎样解决这一矛盾呢？专家、省市负责村镇建设的同志与新罗区建委、龙门镇政府的同志反复探讨。认为洋畲地形条件对建新村并不理想，但群众的热情很高，尤其是守着这么好的生态环境，是一个发展生态农业的居家环境，他们是绝对舍不得离开的，也不可能择地另建。经过几次反复，并切身处地加以认真思考，深深地体会到经济收入增加后的广大群众有着急切要求改善居住条件的强烈愿望，而在改善中，更希望从好的"风水"中获得长住久安和安居乐业。这种愿望是合情合理的，绝不是迷信。舒适是人们必然的追求，这是人们对吉祥、平安的祈求，是群众勤劳、真诚和纯朴的表现，由此使得各级干部、专家和技术人员从深入群众、熟悉群众到理解群众，又从理解群众提升到尊重群众。这样，使大家不仅抛弃了过去对群众"迷信"、"封建"的成见，带着真心真意帮助群众寻找适宜居住条件的愿望再次进村时消除了厌烦情绪，极其耐心地挨家挨户进行现状调查，寻找典型。再次召开村民代表会讨论。从中发现并向群众指出，旧村落建设在陡峭高山的北坡背阴面，坐南朝北，整日终年难见阳光，通风不良，冬天寒风直侵室内，造成天井长满青苔，连夏季贮藏衣物都发霉等居住环境阴暗、寒冷、潮湿不利于居住的现象，得到了广大群众的认同。与此同时，在群众的支持下，由村长和几个骨干带路踏勘周围环境，了解到旧村落虽然在陡峭高山的北坡，但这高山东南的山口处即是竹林葱翠、古木繁茂，负离子含量高。他们先辈最早居住的祖厝，即建在这山口附近，环境优雅、冬暖夏凉、空气清新，十分宜人。而随着人口的繁衍，民居逐步向西扩展，导致旧村落居住环境的恶化。群众理解了，观念开始转变了。这时，我们又抓住机会，用群众喜闻乐见的语言，向群众深入浅出地指出，民间的"风水术士"只以其一知半解的"风水"来理解这一山村的环境，片面追求"靠山"，却忘记了"负阴抱阳"，并用固定的观点把这靠山右侧的山峰称为"白虎"。大家用最通俗的"左青龙、右白虎"向群众说明，我们调整坐向后，民间"风水术士"所称的"白虎"其实是"青龙"。从而解除了群众的忌讳，群众的精神顾虑得到解脱，就为规划方案的调整提供了可能。进而，我们又根据洋畲的地理位置和自然环境，向群众宣传，旧村改造的规划和建设，不仅仅是为了改善居住条件，还应该通过旧村改造，把洋畲建成生态旅游新村，以促进经济的发展。规划的定位，说到了群众的心坎上，说出了群众想说的话，深得人心。村民代表会通过规划设计方案后，群众积

注：①　1亩=1/15公顷

极参与，克服了坡度陡，高差大，土方多，施工难的问题。要按规划设计施工更难的困难，硬在高差5～6m的四个山坡台地上开始建造二层半的低层住宅。从1999年8月13日动工兴建，在短短的半年时间里有8户在春节前已住进了新居，2户已完成了主体结构，25户建到了二层。看到舒适的新居，功能齐全，经济实用，采光通风良好和颇具特色的外观，再加上道路交通方便，汽车可以直接开到家门口，设置的车库又可暂时用作储藏芦柑的仓库，改变了过去人抬肩扛搬运芦柑的繁重劳动，促进了生产发展。村民们个个赞不绝口，就连那"风水先生"们也甘拜下风。考虑到传统民居屋顶均为灰瓦，设计时也曾建议沿袭灰瓦的颜色，但由于时代的发展和技术的进步，广大群众心中更喜欢采用暖色调的屋面。因此，在造型上传承土楼民居歇山顶神韵的基础上，大胆地采用枣红色波形瓦屋面，配以白色的屋脊线、檐口线，形成既简洁、清新、鲜明的时代特征，又不失传统民居的风貌。洋畲的农民新居，宛如破土而出的烂漫山花，在青山绿林的映衬下，更为绚丽，更加迷人。洋畲的群众深切盼望尽快实现新村住宅小区的建设目标。洋畲这个偏僻的山村，不仅其特色的芦柑声誉逐年扩大，旧村改造的成功经验也引来了一批一批的参观者。村民们尊重规划，严格按照统一规划设计，根据各户的财力，每年卖了竹子和芦柑就盖上一层、两层。可以深信，不用很长的时间，这里将是花园小楼成群，并集生态农业和消夏旅游、度假观光为一体的特色新村，这里的经济也将得到更快的发展。那舒适的崭新民居，空气清新的居住环境和那黄澄澄的果园、缭绕的白雾、完好的植被、翠绿的竹海、茫茫的山林，形成了互为交融、幽静雅致的自然环境。在泉水叮咚的伴奏下，呈现出一派迷人的景象，令人流连忘返。龙岩市规划局局长卢先发同志感叹地称赞为"市外桃源"，并诗吟洋畲新村随感"东风送暖入洋畲，时代新居缀彩霞，再借鲁班金点子，旅游生态富农家。"

2001年11月洋畲住宅小区被福建省建设厅评为省级村镇住宅优秀小区。2002年8月由省内知名摄影家和记者组成的福建村镇建设采风团十分惊奇地赞誉这迷人的风光，好一派"云山珠水小村镇，物换星移似仙境"的韵味(见图6-1)。

(a) 洋畲旧貌

(b)洋畲新貌

(c)"319"国道洋畲入口标志

(d)洋畲住宅小区村口水池

(e)狮子山上竹林连片

(f)狮子山下果园千亩

(g)古木映衬着洋畲农宅

(h)近林洋畲住宅小区的原始森林

(i)保护完好的古杪椤

图6-1 洋畲新村住宅小区

洋畲住宅小区初现端倪，清晰地展现出经济欠发达山区也同样可以搞好村镇住宅小区建设的试点。在洋畲住宅小区建设试点中，让我们深深地体会到各级干部、专家和技术人员必须带头更新观念，才能引导广大群众更新观念。只有深入基层，也才能真心真意地服务于群众，我们的工作也才能得到群众的支持。

在专家们的指导下，经过多年的努力，洋畲村的群众建设美好家园的热情洋溢，纷纷在芦柑树下养鸡、鸭和鸽子，使其形成立体的生态果园，同时养蜂业也蓬勃发展，并引进早熟的蜜橘和初夏结果的杨梅等四季飘香的果树。如今的洋畲村，狮子山上竹林连片，山下果林千亩，中间是参天古木掩映着的农民住宅小区，凭借这自然的优势和生态果园，开展了"乡村旅游"和"芦柑采摘节"，使得广大农民群众得到了更多的经济收入。单是2006年的"芦柑采摘节"，芦柑的经济效益就得到成倍增长，洋畲村人均收入也由1993年的3000元逐年提高到2010年的万元以上。针对洋畲村劳动力紧张的状况，专家们又建议群众开发竹工艺品，编制竹筐，以代替采摘后的过秤之麻烦。由于专家与群众心连心，受到了群众的欢迎，也使得洋畲村环境更加优美，生产更快发展，群众安居乐业。

洋畲村高起点规划、高标准建设，致力于发展经济、富裕百姓、优化人居环境，打造充满活力、欣欣向荣的社会主义新农村，现全村已形成"夜不闭户、路不拾遗、富裕文明、安乐祥和"的局面。采取"支部＋协会＋信用社"模式，依靠科技科学种果管竹，大搞山地开发，勤劳致富。提高了农民的生活水平，成为远近闻名的果竹之村。新村的住宅小区依山就势分为五个大台阶，建设每户两层半独具龙岩地区风貌的农民住宅，改善了农民的生产和生活条件，为大力发展"乡村游"的生态观光旅游创造条件。狮子山下的洋畲村，夕阳照耀着千亩黄澄澄的果园，缭绕着白雾、完好的植被、清新的空气让人流连忘返。

洋畲村被省建设厅评为第一批镇住宅优秀小区；被列为全省社会主义新农村建设"百村试点"十个重点村之一；被省林业厅列为"森林之家"休闲健康游第一批试点村等诸多荣誉，并且创建龙岩市新罗区首批"农民之家"，成为福建省龙岩市建设社会主义新农村的先进典型。

洋畲，这个昔日偏僻的革命据点山村，如今不仅以其特有的芦柑声誉不断提高，旧村改造的典型经验引来了一批批的参观者，生态果园也吸引了纷至沓来的旅游者，洋畲住宅小区以其神奇般的建设业绩为欠发达的山区树立了榜样，激起了强烈的反响，也令沿海较发达地区的人们为之感叹。洋畲住宅小区的建设能够得到广大群众的支持，也更加激励我们投身于试点工作。洋畲村，现已成为省内外闻名的中国绿色村庄，得到中央领导的称赞，来自省内外的游客和参观者络绎不绝。

6.3.2 英溪河畔绽红花

溪益村住宅小区坐落在南安市英都镇英溪河畔，属旧村改造的建设试点。旧村改造前70%以上的人口住在新中国成立前破、旧、劣的房子里，全村建房混乱无序，道路狭窄。这与村民日益丰富的物质、文化生活极不适应，小区的规则，在保留了11幢闽南传统民居"古大厝"的前提下，根据村民不同生活水平和经济能力，分为三个区域。充分利用建设用地滨临英溪和场地高差较大的特点，将溪流、水渠和具有300多年历史的清朝开国重臣"洪承畴少年读书处"等自然景观和人文景观，组织以景观池、读书公园、溪滨公园以及科技文化中心、老年活动中心为景观轴，构成富含文化底蕴、景观丰富、环境宜人的住宅小区。借助出砖入石的建筑符号和以橘红色为主调配以白色细部装饰的现代民居，与保留的传统民居互为呼应，在榕树和蓝天映衬下，呈现出闽南民居颇富吉祥艳丽的风韵，溪益住宅小区宛如一枝鲜艳的红花绽开在英溪河畔（见图6-2）。小区环境优美、绿树成荫、溪水流连。一位洪姓人家在溪边的新居石门框上镌刻着"闲居观景可怡情，静憩小楼能养性"的门联和"溪声琴韵"的横批。充分反映了村民们对新居无限欢欣的激情。

(a)溪益新村住宅小区鸟瞰

(b)溪益新村住宅小区滨水住宅

(c)溪益新村住宅小区

(d)溪益新村住宅小区中心水池

(e)溪益新村住宅小区洪承畴(明末清初)少年读书处

(f)溪益新村住宅小区农民新宅与古民居交相辉映

图6-2　溪益新村住宅小区

6.3.3　汀江之滨飘果香

位于汀江河畔的长汀县城南郊大同镇的新庄村住宅小区，这里是远近闻名的河田鸡养殖专业村。四面环山，风景秀丽的汀江自小区旁边流过。山上是连绵起伏的果园，从浙江引进的中华圣桃和从美国引进的布朗黑李苍翠欲滴，青翠的果树下河田鸡在闲庭信步。宽阔而清澈的汀江水上漂游着洁白的番鸭。在这青山绿水之间掩映着村民们傍水而筑的精美别致新居（见图6-3）。在炽热的夏日照耀下，一幅迷人的田园风光呼之欲出，每到周末，城里人纷至沓来，把这儿当成休闲赏景的好去处。

(a)新庄圣桃飘香

(b)新庄村住宅小区街景(一)

(c)新庄村住宅小区街景(二)

(d)新庄村住宅小区农民住宅

图6-3 新庄村住宅小区

6.3.4 山花烂漫映洪地

顺昌县洋墩乡洪地村住宅小区，距县城59km，洪地是我国土地革命时期的红色根据地，四面环山，毛竹、树木苍翠，一条清溪在村前潺潺流淌。小区的规划设计坚持以人为本，在吸取传统民居特点和尊重民情风俗的同时，努力满足当代农民对现代生活的追求，使其具有浓厚的现代感。特别值得赞美的是这个小区环境极为优美，绿化颇具特色，路边的水沟流淌着清冽的山泉。住宅门前屋后到处是花草树木。粗看，给人以眼花缭乱之感，但细细品味，却可发现，这儿的花草树木，大都是农民们自己从山上采来的，这儿有紫薇、梅花、十大功劳、桂花、海桐球、深山含笑、茶花、山芋、麦冬草、杜鹃、红苏、黄花草、菊花、万年青等。有观赏性的，如紫薇；也有药用的，如十大功劳；甚至还有蔬菜类的，如山芋。整个小区到处洋溢着村民们对自己生存环境的个性化追求，不仅使得小区与周围的环境浑然一体，虽为人作宛自天开（见图6-4），还能节约大量的环境绿化资金，是一个十分值得借鉴的新农村住宅小区。

（a）深山之中的洪地新村住宅小区

（b）洪地新村住宅小区沿溪景观

（c）洪地新村住宅小区溪边垂柳成荫

（d）洪地新村住宅小区庭院绿化（一）

（e）洪地新村住宅小区庭院绿化（二）

（f）洪地新村住宅小区农民住宅

图6-4 洪地新村住宅小区

6.3.5 井窠院落诱人居

南平市延平区王台镇的井窠村住宅小区的住宅建筑有并联式，也有独立式，功能齐全、方便舒适、环境优美。既有现代化的气息，又弘扬传统文脉。小区的建筑组群，每4户形成一个相对独立的院落，共同拥有一个较大的人车分离休闲交往活动空间，加强了邻里关系，营造出一个便于管理的小型"社区"氛围（见图6-5），该小区在建设中充分做到既满足远期发展的需要，又照顾到近期施工的方便，节约了建设资金，深得村民的称赞。

(a)井窠新村住宅小区远眺

(b)井窠传统民居的马头墙

（c）井窠新村住宅小区农民住宅

（d）井窠新村住宅小区农民住宅局部

（e）井窠新村住宅小区农民住宅屋顶

图6-5 井窠新村住宅小区

6.3.6　上一景象激人心

　　福清市龙田镇上一住宅小区的建设规划伊始，各级领导干部、管理人员、设计人员和群众代表共同座谈，反复研究，提出了不能再搞炮楼式建筑，要把层数降下来（原先居民住宅少则四五层，多则七八层），把面积降下来，把环境做起来。通过努力，如今小区，清溪流淌，小山依偎，根据一条 21m 的进镇大道穿越小区的现状，布置了 9000m² 的花园广场，以广场为组合中心，环形放射布置了 150 栋低层小住宅。小区内水和燃气管道以及电力、电讯线缆全部地下埋设。道路两旁与门前屋后栽种的各种花草，衬托着舒适、美观的新颖住宅，呈现出一派动人的景象（见图6-6）。

（a）上一住宅小区街景（一）

（b）上一住宅小区街景（二）

(c)上一住宅小区 A 型住宅

(d)上一住宅小区 B 型住宅

(e)上一住宅小区 C 型住宅

(f)上一住宅小区 D 型住宅

图6-6 福清市龙田镇上一住宅小区

6.3.7 古风遗韵振音山

店上住宅小区是福建省泰宁县朱口镇音山村的一个自然村，以农为主，兼营养殖业和运输业。这儿气候宜人，风景如画。但该村以前布局杂乱，房屋破旧，道路不通，排水不畅。现在小区建设已初具规模。小区建筑造型新颖、立面美观宜人；布局合理、设施配套；加上科学的绿化美化的衬托，环境更显优美，小区呈现出具有浓郁现代化气息和时代感的新型农村景象（见图6-7）。

音山村店上住宅小区的建设不仅改变了旧村庄的面貌，也促进了经济的发展，激发了音山村广大农民建设社会主义新农村的积极性。根据音山村属载入世界自然遗产名录的中国（泰宁）丹霞和泰宁世界地质公园石辋大峡谷景区，距拥有尚书第国家文物保护单位的汉唐古镇、两宋名城的泰宁古城游览区仅9km，邻近大金湖国家4A级风景区等的区位优势和旅游资源丰富的特点。开辟了竹林荷塘的传统农耕文化园，弘扬板凳龙、傩舞、梅林戏等传统乡土文化的游乐园，建立花卉苗木、食用菌、烟叶、果蔬、锥栗等现代农业生态园，把音山打造成一个集休闲、观光和发展生态经济作物基地为一体的社会主义新农村，传承泰宁的古风遗韵，为做大泰宁的旅游业增加一个亮丽的景区。

（a）音山村入口标志

（b）音山村服务中心

（c）音山村店上住宅小区街景

（d）音山村店上住宅小区农民住宅

(e)苗木基地

(f)梅林传遗韵

(g)傩舞留古风

(h)荷塘飘香

(i)民风淳朴

图6-7 音山村店上住宅小区

6.3.8　山旮旯里新"桃源"

坪盘村隶属于福建省莆田市涵江区白沙镇，与莆田市的荔城区西天尾镇和城湘区常太镇相邻，海拔 400 多米，距莆田市中心区虽然只有 17km，但原来却是一个蕴藏在万壑深山之中的荒僻山村，是一个交通不便、信息不灵、资源匮乏的有名贫困村。改革开放以来，在党的富民政策指引下，村党支部针对新时期农村党建面临的新问题，注意加强党员队伍建设，不断提高党员的综合素质和带领农民脱贫致富的本领。村"两委"带领广大群众艰苦奋斗、更新观念、调整农业结构，促进农民增收，完善基础设施，壮大村级经济，改造旧村庄。如今的坪盘村已经是人均年收入超过 7500 元的新农村，2006 年 9 月 18 日福建日报头版头条以"新房新村展新貌"为标题报道了坪盘村新农村建设的事迹。2007 年 4 月 6 日原国务院总理朱镕基和福建省省委书记卢展工对坪盘村进行社会主义新农村建设的调研。2007 年 5 月 28 日福建电视台以《山旮旯里的新农村》播报了坪盘新农村建设设计。坪盘村已成为远近闻名的"省级文明单位"、"省村镇优秀住宅小区"（见图 6-8）。

（a）坪盘村良好的生态环境

（b）坪盘村苍劲的古树

（c）油菜花开映山村

（d）坪盘新村中心水池

(e)古木村山村　　　　　　　　　　　　(f)坪盘新村住宅小区住宅群

图6-8　坪盘新村住宅小区

(1)村民收入不断增加

在新农村建设中必须想方设法增加农民收入。村"两委"总结了由于"信息不灵、方向不准、市场不畅、交通不便"所造成的苦头后，认真研究村自然条件和资源优势，决定引导村民务农与务工经商相结合的道路，调整农业种植结构和转移劳动人口。

①带领群众念好"山经"。利用本村山地资源优势，把全村1万多亩山地当做"聚宝盆"。向荒山进军，劈山造林，挖山造果。全村已开发枇杷园4000多亩，人均面积4亩，人均年收入达5000元。

②引导农民种好农田。立足林情，推行"优质稻加油菜"的种植模式，使得每亩每年可增收800多元；在开花季节，成片的油菜花美化了村庄环境，还吸引了大量的观光客。

③发动村民大力发展养殖业。带动群众科学养殖。不但增加村民的收入，而且可以把猪粪作为枇杷的优质有机肥，使枇杷的优质果达到90%以上，上市价格比平均收购价高出1元左右。

④鼓励村民转移剩余劳动力。支持40岁以下有特殊技能的村民进城务工经商，使村民增加不少收入。

⑤启发村民走多种经营道路。"一业强，百业兴"。随着枇杷种植和生猪养殖业的发展，以及"优质稻加油菜"的种植成功，促进了村民思想观念的进一步更新。根据坪盘村海拔高、雨露充足的环境特点引进茶树栽培和制茶工艺技术，设立加工厂，发挥公司加农户的作用。调整农业种植结构，成立坪盘茶果协会和养殖合作社，注册坪盘白梨枇杷生产基地。为村民的枇杷和养猪提供产前、产中、产后的服务。提高附加值，为农民增收搭建有效的平台。在此基础上，村"两委"根据坪盘村距莆田市区只有17km、距著名的南少林寺风景区仅为7km、海拔400多米、森森覆盖率高，东临东圳大型水库，北临后溪水库，居高临下，气候宜人，山村风景优美的居住环境，提出尤为适宜建设集休闲、旅游、人居为一体现代化新农村的设想，开展适应吸满尘土的现代化城市人所追求的"乡村游"，不但可以增加村民的二、三产业收入，还可优化、美化人居环境。

(2)村级经济不断壮大

要搞好新农村建设，不但要增加村民的经济收入，而且要增加村财政收入，只有这样才能为新农村建设奠定基础。

通过努力，村"两委"充分利用本村和邻村深山中水资源丰富的优势，共同努力建成了装机容量达 760kW 的三座水电站。还与市相关部门合资兴办农科实验示范基地的枇杷园，不但可为枇杷的改良创造条件，也可以增加村财政收益。使得村财政也由 1993 年的 0.5 万元增加到现在的 40 多万元。

（3）基础设施不断完善

坪盘村原来是一个"水不足、灯不明、路不通、广播不响、电视不见"的穷山村。村"两委"认识到，如果不攻破基础设施制约的"瓶颈"，坪盘的发展只能是一场空。因此下定决心，作规划、定措施，逐年组织实施。

①解决"水"的问题。改扩建了集灌溉和生活用水功能的三座小型水库，修筑了 7 个 600m³ 蓄水池和面积 38 亩的人工湖，确保全村 800 多亩耕地旱涝保收。铺设水管，解决群众饮水和高坡地的灌溉问题。

②解决"电"的问题。1990 年集资架设高压线和低压线。解决村民生活、生产用电。1997 年组织村办小电站进行扩容改造，并入大电网，2005 年又完成对村电网改造，开通程控电话和有线广播电视。

③解决"路"的问题。如今，通向大山外的路四通八达，村内的环形公路和主要居民小组的道路均为水泥路。同时还修建了环山公路，确保山上 200m 处果树园均能通车，农民大部分都骑上摩托车上工，果品出售再也不用肩挑人扛。广东等的客商为了争取得到上好的枇杷，纷纷亲自开车直达村里收购。

（4）旧村改造不断深入

随着农民收入的增加，农民要求盖新房的呼声越来越高。通过学习，结合本村的实际情况，村"两委"认识到，社会主义新农村建设不但是增加农民收入的建设，在农村经济发展的过程中，新村家园的建设也是非常重要的。它的建设体现了农村经济的发展，农民生产、生活、居住条件的提高和环境质量的改善，才能保证村庄的长年卫生整洁，也才能促进农村经济的持续发展。为此，村"两委"积极引导，并抓好落实。在坪盘村的规划中，村"两委"立足于保护坪盘的自然环境优势，提出以转变产业结构为基础，发展生态农业，开展"生态、休闲、旅游、观光农业"为一体的现代化社会主义新农村为目标的总体规划，并在此基础上，努力抓好新村住宅小区的建设规划。住宅小区的建设从庭院式—花园式—生态式入手，并按新农村小康住宅的要求，结合坪盘的自然环境和今后发展的需要，从占地、层数、间距、建筑面积、色彩、平面布局和造型等方面进行综合考虑。新村建设努力做到统一规划、统一设计、统一管理。在保证可行性、实用性的同时，努力体现显山露水、错落有致的山村情趣。新建成的人工湖上凉亭映照、村中小桥流水、环绕全村的水泥道杨柳翠绿，构成了一幅山村独特的美景。让经过山环路转的人们一进入坪盘，便能领略到世外桃源的风韵。

6.3.9 福兴街区换新颜

南安市水头镇的福兴商贸住宅小区，位于该镇的中心，原是一条建于 1931 年的老街，旧房摇摇欲坠，百姓生活拥挤、简陋，街道破旧杂乱无章。小区建设改变以往简单地进行"临街一层皮"的改造观念，组织成片改造的小区开发。从便于组织小区的交通和绿化，以地下停车场和地上绿地广场作为小区中心组织建筑空间出发，既解决了停车问题，又形成人车分离的道路交通系统，还为居民创造了休闲、交往和购物环境，使小区充满生机和活力。主要商业街采用传统的骑楼处理手法，形成商业街区以步行系统为主的安全、方便、舒适的购物环境。沿街建筑改变"有天有地"和"下店上宅"的传统做法，全部采用底商的公寓式住宅。小区建筑均以坡屋顶为主，既解决屋顶的隔热和防水，又丰富了建筑的天际轮廓，加上骑楼和地方建筑符号的运用，以暖色调为主配以局部的棕红色装饰和白色檐口线、窗框线，在中心绿地的映衬下，展现出闽南侨乡传统民居的神韵和现代气息浑然一体的动人景象(见图6-9)。

福兴商贸住宅小区的建设，使人们看到，城市与乡村的边界在这儿已模糊，一个颇具特色的现代化滨海村镇风貌初展，并在加速发展壮大。

(a)福兴商贸住宅小区中心花园

(b)福兴商贸住宅小区街景

(c)福兴商贸住宅小区中心广场

(d)福兴商贸住宅小区鸟瞰

图6-9　福兴商贸住宅小区

6.3.10　高山之巅灿明珠

山头，顾名思义，它就是坐落于高山之巅。福建省龙岩市新罗区江山乡的山头村就是这样一个处于海拔近900m高的名副其实边远偏僻高山上的小山村，距市区60多千米，从市区乘汽车，行驶一个多小时到江山乡，换乘越野车，在崎岖泥泞的山间公路上还仍需颠簸一个半小时，才能来到这个闻名于世的闽西革命基点村。近些来年，村党支部书记张荣景带领全村群众，利用这里山多田少资源丰富的优势，资源经营得当。充分发挥高海拔的优势，把全村仅有的600亩耕地种植反季节蔬菜，便使山头村的"绿色食品"在厦门、深圳、上海等地成为抢手货。靠几条山涧聚成落差的水资源，引进外地资金和技术，兴建了水电站，不仅解决了用电问题还增加了村的财政收入。村民生活富裕了，渴望着建新村、住新房。村党支部书记张荣景顺应村民的欲望，带领村民外出参观取经。全村干部、群众热情高涨地多次主动到新罗区建委请求帮助，新罗区建委邀请专家和技术人员实地调研，并和村里的干部群众进行座谈，共同探讨，更新观念，制定了充分展现高山之巅林木苍翠、植被良好、山泉清澈的自然优势，发展现代化农业，建设无公害蔬菜示范基地，打造品牌；科学管理毛竹林，增加经济效益；建设无公害茶叶种植示范基地。以种植业、观光农业相结合，建设生态农业园。把山头新村建成"森林观光园"的度假村规划方案。为此，对新村的住宅小区建设，制定了"统一规划、统一设计、统一拆旧、统一材料、统一装修"的实施方案。尊重规划、尊重科学蔚然成风，村民们自觉地按设计进行施工，在施工中发现问题也都不辞劳苦一次次地到设计单位请教寻找解决办法，对待工程质量一丝不苟。他们的这种精神，使得山头新村建设有条不紊地顺利进行。如今的山头村已成为远近闻名的反季节蔬菜生产村，不仅吸引了外乡务工者，也吸引了大量的客商（见图6-10）。67户人家的山头村现已拥有汽车20多辆、农用车5辆、手机100多部、家家普及电话和彩电，农民人均收入达到6000元以上，人民的生活步入小康水平。山头村以其现代化新村的风姿成为闽西旅游线路上的一颗璀璨明珠。

(a)繁荣的山村景象 　　　　　　　(b)山头新村住宅小区农民住宅

图6-10　山头新村住宅小区

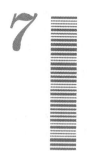

更新观念，做好新农村住宅设计

7.1 弘扬文化，创造特色

7.1.1 传统民居建筑文化的继承和发展

传统民居建筑文化是一部活动的人类生活史，它记载着人类社会发展的历史。研究、运用传统民居的文化是一项复杂的动态体系，它涉及历史和现实的社会、经济、文化、自然生态、民族心理特征等多种因素。需要以历史的、发展的、整体的观念进行研究，才能从深层次中提示传统民居的内在特征和生生不息的生命力。研究传统民居的目的，是要继承和发扬我国优秀传统民居中规划布局、空间利用、构架装修以及材料选择等方面的建筑精华及其文化内涵，古为今用，创造具有地方特点、民族特色、传统风貌和时代气息的新农村住宅。

（1）传统民居建筑文化的继承

我国传统村庄聚落的规划布局，一方面奉行"天人合一"、"人与自然共存"的传统宇宙观，另一方面，受儒、道、释传统思想的影响，多以"礼"这一特定伦理、精神和文化意识为核心的传统社会观、审美观来作为指导。因此，在聚落建设中，讲究"境态的藏风聚气，形态的礼乐秩序，势态的形势并重，动态的静动互释，心态的厌胜辟邪等"。十分重视与自然环境的协调，强调人与自然融为一体。在处理居住环境与自然环境关系时，注意巧妙地利用自然形成的"天趣"，以适应人们居住、贸易、文化交流、社群交往以及民族的心理和生理需要。重视建筑群体的有机组合和内在理性的逻辑安排，建筑单体形式虽然千篇一律，但群体空间组合则千变万化。加上民居的内院天井和房前屋后种植的花卉林木，与聚落中"虽为人作宛自天开"的乡村园林景观组成生态平衡的宜人环境。形成各具特色的古朴典雅、秀丽恬静的村庄聚落。

在传统的民居中，大多都以"天井"（内庭）为中心，四周围以房间；外围是基本不开窗的高厚墙垣，以避风沙侵袭；主房朝南，各房间的面向天井，这个称作"天井"的庭院，既满足采光、日照、通风、晒粮等的需要，又可作为社交的中心，并在其中种植花木、陈列假山盆景、筑池养鱼，引入自然情趣。面对"天井"有敞厅、檐廊，作为操持家务，进行副业、手工

业活动和接待宾客的日常活动场所。"天井"里姹紫嫣红、绿树成荫、鸟语花香，这种恬静、舒适的"天人合一"的居住环境都引起国内外有识之士的广泛兴趣。

（2）传统民居建筑文化的发展

传统民居建筑文化要继承、发展，传统民居要延续其生命力，根本的出路在于变革，这就必须顺应时代，立足现实、坚持发展的观点。传统村庄聚落，作为人类生活、生产空间的实体，也是随时代的变迁而不断更新发展的动态系统。优秀的传统建筑文化，之所以具有生命力，在于可持续发展，它能随着社会的变革、生产力的提高、技术的进步而不断地创新。因此，传统应包含着变革。只有通过与现代科学技术相结合的途径，将传统民居按新的居住理念和生产要求加以变革，在传统民居中注入新的"血液"，使传统形式有所发展而获得新的生命力，才能展现出优秀传统民居文脉的延伸和发展。综观各地民居的发展，它是人们根据具体的地理环境，依据文化的传承、历史的沉淀，形成了较为成熟的模式，具有无限的活力。其中的精髓，值得我们借鉴和发展。

（3）传统民居建筑文化的弘扬

要创造具有地方特点、民族特色、传统风貌和时代气息的新型农村住宅，离不开继承、借鉴和弘扬。在弘扬优秀传统民居建筑文化的实践中，应以整体的观念，分析掌握传统民居聚落整体的、内在的有机规律，切不可持固定、守旧的观念，采取"复古"、"仿古"的方法来简单模仿传统建筑形式，或者是在建筑上简单地加几个所谓的建筑符号。传统民居建筑的优秀文化是新建筑生长的沃土，是充满养分的乳汁。必须从传统民居建筑"形"与"神"的传统精神中吸取营养，寻求"新"与"旧"功能上的结合、地域上的结合、时间上的结合。突出社会、文化、经济、自然环境、时间和技术上的协调发展。才能创造出具有地方特点、民族特色、传统风貌和时代气息的新型农村住宅。在各界有识之士的大力呼吁下，在各级政府的支持下，我国很多传统的村庄聚落和优秀的传统民居得到保护，学术研究也取得了丰硕的成果。在研究、借鉴优秀传统民居建筑文化，创造有中国特色的新型农村住宅方面也进行了很多可喜的探索。要继承、发展传统民居的优秀建筑文化，还必须在全民中树立保护、继承、弘扬地方文化意识，充分发挥社会的整体力量，才能使珍贵的优秀传统民居建筑文化得到弘扬光大，也才能共同营造富有浓郁地方优秀传统文化特色的新型农村住宅。

7.1.2 传承民居建筑文化，探索农宅设计理念

新农村住宅的设计，在符合充分体现以现代农村居民生活为核心的设计思想指导下，必须做到功能齐全、功能空间联系方便、所有功能空间都有直接对外的采光通风、平面布置具有较大的灵活性和可改性，以实现公私分离、动静分离、洁污分离、居寝分离和食寝分离，还必须考虑到现代的经济条件，运用现代科学技术，从满足现代生活的需要出发，在总体组合、平面布局、空间利用和组织、结构构造、材料运用以及造型艺术等方面努力汲取优秀传统民居的精华，在继承中创新，在创新中保持特色，因地制宜、突出当地优势和特色，使得每一个地区、每一个村庄乃至每一幢建筑，都能在总体协调的基础上独具风采。

受历史文化、民情风俗、气候条件和自然环境等诸多因素的影响，中国民居以其深厚的建筑文化形成了具有鲜明地方特色的建筑风格。下面对传承优秀民居建筑文化的探索作些简要的

剖析。

（1）以庭院为中心组成院落，以院落为基本单位进行总体组合

院落，是以三面或四面房舍（或围墙）围合而形成的，以院落为基本单元，进行群体组合，是我国优秀民居建筑布局共同特征之一。

北京四合院民居（见图7-1），其庭院都是较为宽敞的室外空间，围绕四周的房屋，尺度都比较小，主体建筑的堂屋，虽然位居中轴线上的主要部位，但其空间体量，和其他三面的房屋相比，差别并不显著。因此，宽敞而又方正的庭院，自然成为院落中心。福建民居"天井"式的庭院较为狭小，而厅堂高大开敞，厅堂所处的位置又十分突出，往往给人一种福建民居是以厅堂为中心组织院落的错觉。其实，福建民居中被称为"天井"的庭院虽然狭小，但在空间组织上，仍处于四面或三面房舍（其中也包括高大开敞的厅堂、檐廊）的包围之中（见图7-2～图7-5），它不仅为周围房舍提供采光、通风以及汇集和排除雨水之用，而且经主人精心布

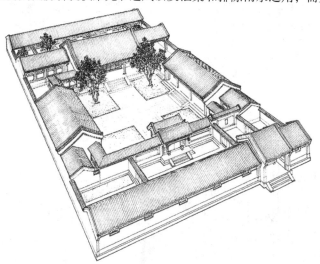

图7-1　北京典型四合院

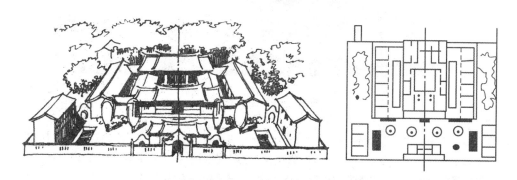

图7-2　漳平下桂林刘宅平面布局及外观

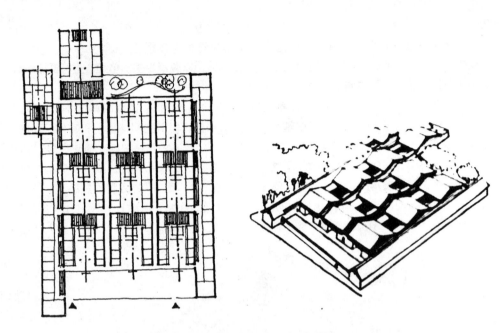

图7-3 泉州吴宅平面图、鸟瞰图

图7-4 晋江庄宅主庭院

置的"天井"盆栽还是周围房舍的景观所在，是一个共享的空间。这种"天井"式庭院之所以狭小，是为了适应当地地处北回归线附近的气候特点，有利于室内夏季减少日晒和保持阴凉，但它仍然是院落的中心，以庭院为中心的院落中，福建民居有一户一个院落的，也有一户数个院落，几户合用一个院落甚至是一个大家族一个大院落的（如大型的方、圆土楼）。这种以庭院为中心的院落，庭院是为房舍（或围墙）所包围的空间，它是一个共享空间，有利于邻里

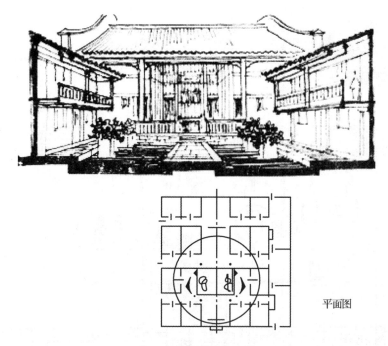

平面图

图7-5　古田某宅主庭院

交往和相互关怀，还由于可以减少外界的干扰，有利于安全防护。借鉴院落式住宅的组群布局形式，在现代农村住宅小区的规划设计中不仅可以改变低层住宅布局常用的行列式、周边式和混合式中存在的一些缺点，还可以解决农村住宅小区难于管理的矛盾。

　　要组织好院落式住宅，首先就必须解决联排式低层住宅被夹在中间的户型不易为群众所接受的难题。我们先后设计了 A、B 型和 C、D 型两组住宅（见图7-6），B、D 型面宽 7.8m，而 A、C 型面宽9.9m。由于加宽了中间户型（A、C）的面宽，较好地解决了通风采光和平面布置等问题。同时，在确保每户的厅堂等主要功能空间朝南的情况下，可以根据院落组合的需要，把车库分别布置在南面或北面，每户都有南北向的两个出入口。这样，分别由 A、B 型和 C、D 型组成的住宅院落组群，不仅每户的平面布置较为合理，使用方便，还可以做到人车分离，为住户提供一个安全、宁静、舒适、不受车辆干扰的共享交往空间，形成了以庭院为中心的院落，再以院落为基本单元，结合地形进行群体组合（见图7-7），从而使得住宅小区在总平面布置中，住宅群体组合有序、丰富多变。

　　（2）庭院与厅堂对应布置

　　在福建民居中，庭院大都与厅堂相对应，民间常说的"有厅必有庭"所指的就是这种对应关系。"天井"式的庭院空间虽然狭小，但它是敞厅有限室内空间的向外延伸，形成一种内外空间互相渗透，互为补充的整体环境。在民居中常常根据与之对应厅堂的功能特点，按照主庭院、侧庭院、书庭以及前庭和后庭等（有的还根据地形布置上下庭等），进行精心巧妙地布置，使这方寸的天地，都能随之具有多种多样的气氛，使单调的宅院，变得丰富多彩、生机益然。

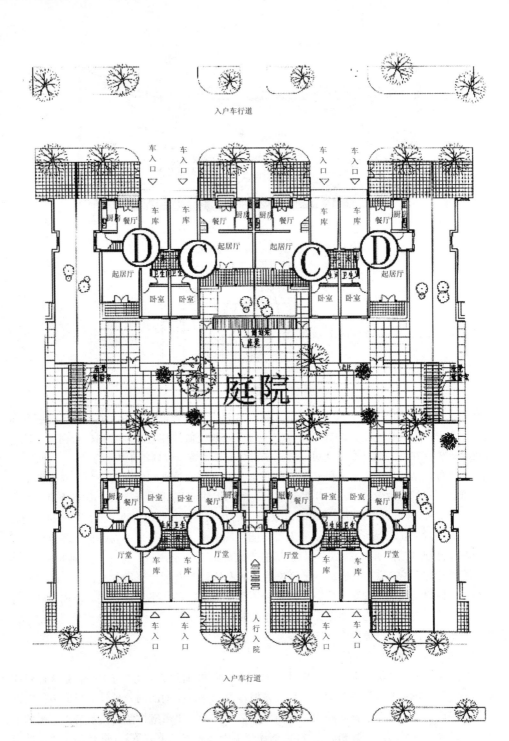

图 7-6(a)　厦门市西柯镇潘葧小区的院落组织(一)

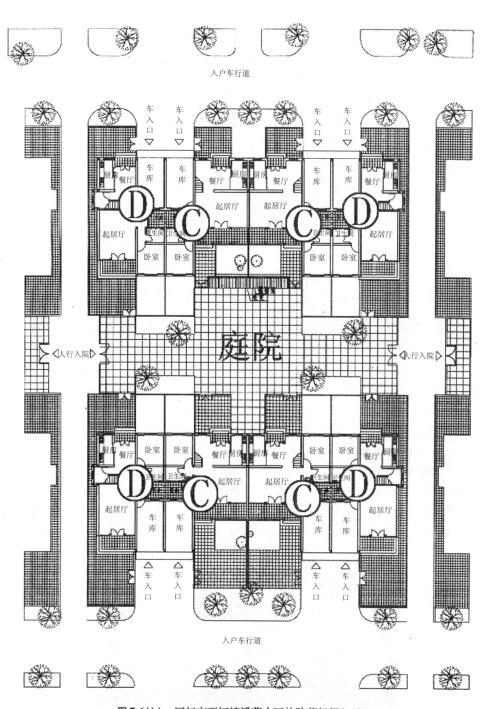

图7-6(b) 厦门市西柯镇潘葆小区的院落组织(二)

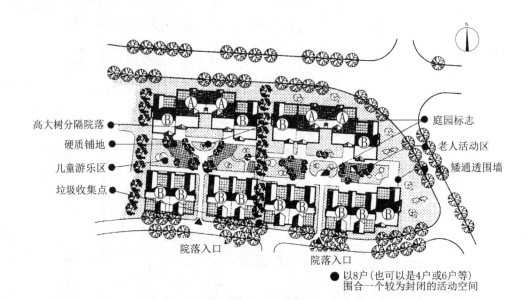

高大树分隔院落
硬质铺地
儿童游乐区
垃圾收集点

庭园标志
老人活动区
矮通透围墙

院落入口　　　院落入口

● 以8户（也可以是4户或6户等）围合一个较为封闭的活动空间

图7-7　南平镇峡阳镇西隅小区的院落组织

现代农村低层住宅已由一层向二、三层发展。楼上的阳台从功能来说，已经代替了过去的庭院，我们在设计中摈弃了仅把阳台布置在卧室前面的常用处理手法。坚持在各层不同功能厅的前面对应布置深达 2.4m 的阳台或更深的露台，并采用整个墙面的通透玻璃推拉门作为隔断，使其在功能上有所分隔，但空间上却又互相渗透，从而使得室内空间自然有机地向外延伸，起到扩大视野的作用。在使用中，还可以打开推拉门或卸下推拉门，形成敞厅，使得空间得以延伸，以满足喜庆活动的需要。阳台和露台既可消夏纳凉、晾晒衣物，还可根据农户的需要布置花卉、盆栽、种植瓜蔬和布置各种水景，以活跃农家气息、增加景观、融入环境。采用了逐层退台的阳台布置手法，使其每层厅的外面只有 1.2m 深的檐廊，既可避风挡雨、保证采光，还可使住宅立面造型更富变化（见图7-8）。这种檐廊与厅相连，适应了福建地区太阳光照强、多雨、气候湿热，人们需要长时间户外活动的需要。厅前的檐廊，既能遮阳避雨，又具有良好的通风条件，从而确保不同功能的厅都能成为适合人们活动的主要场所。

图7-8　顺昌县埔上镇口前小区住宅

（3）以厅堂和起居厅分别作为家庭对外、对内的活动中心

在福建民居中，根据不同的功能要求有着各种不同的厅，比如位居住宅中间最显著位置的厅堂主要是用以接待宾客、举行重大活动的所在，是一个主要用于对外的活动空间。而侧厅及其有关的附属用房是日常生活和家务活动的对内活动场所。书厅及休息室是专供读书的内部幽雅清静的所在。为了节约用地，现代农村住宅占地较小，已不可能仅在一层平面内布置功能齐全的空间。因此，在分层布置时，应吸取民居的布局特点，按不同功能的要求，以厅为中心进行组织。如一层的厅堂作为主要用于对外的活动空间，而车库、餐厅、厨房、卫生间即是家庭内部的公共空间。二层由起居厅、阳台和卧室、卫生间组成主要用于对内的居住空间。三层由活动厅、阳台（或露台）以及次要卧室、卫生间组成家庭内部的活动空间。按不同功能要求分层布置，更有利于动静分离。

（4）注重组织自然通风，营造清凉的居室环境

在福建民居中"天井"式的内庭可以为周围房舍提供采光、通风以及汇集和排除雨水之用，尤其是为组织自然通风创造了必不可少的条件。而檐廊和厅的组合，又为人们提供了既能遮阳避雨，又有良好通风的活动场所。因此，在现代的农村住宅中，为了节约用地，在常用的小开间大进深住宅设计中采用"天井"式内庭对于组织自然通风，也有着极其重要的意义。图7-5和图7-6中的住宅设计等的实践也证明，这种处理手法不但通风效果好，而且"天井"内庭的美化，还可为家居提供避风见阳和私密性强的住宅内部室外活动空间，创造温馨的家居环境。

（5）两个出入口的设置

福建民居中主要出入口在南，而在侧面和背面通常都还布置次要出入口。这不仅可以方便邻里往来，还有利于组织自然通风，以适应当地炎热气候条件的需要。我们在所有的设计方案中，都把主要出入口布置在一层朝南的厅堂中间，而次要出入口即布置在北面的厨房或餐厅附近。

（6）各具特色的立面造型和富于变化的屋顶

由于受材料应用和地域的影响，福建民居的立面造型十分丰富，各类民居建筑的造型特点以及构图手法都各具独特的艺术风格和文化内涵。

同是以砖石作为围护结构的闽南，红墙红瓦的"红砖文化"反映当地群众崇尚吉祥如意的企求。闽北的青砖灰瓦又与其秀丽山川的环境融为一体。而在闽中又以粉墙黛瓦展现了清新雅致的风姿。为了避免雨水冲刷土墙而采用歇山不收山深挑檐屋顶的土楼，厚实的土墙上开着小小的窗洞，形成了独特的福建土楼建筑风貌。

以屋顶丰富多姿而著称的福建民居，十分注重屋顶轮廓的变化。闽南民居屋顶翘脊形成了优美柔和的天际轮廓线，闽东山墙的台阶式披檐，闽北和闽中常用的各种各样的"马头墙"，有平行阶梯的、弓形和鞍形的等，这都使得封闭而粗犷的闽北、闽中民居，增加了丰富变化的上部轮廓，形成封闭而不呆板，粗犷中透着秀气，轮廓清晰、体态端庄。这些都充分显示出建造者们的艺术才能与精巧的构图手法。我们在赞誉的同时，更应该在现代农村住宅设计中努力汲取其精华。图7-9～图7-14是我们在不同地方对建筑造型所做的尝试。

图7-9 南安市英都镇溪益小区住宅

图7-10 连城县莲峰镇鹨鸪小区住宅

图7-11 龙岩市新罗区龙门镇洋畲小区住宅

图7-12 泰宁县杉城状元街

图7-13 福清市龙田镇上一小区住宅

图7-14 莆田市涵江区白沙镇坪盘小区住宅

（7）弘扬传统，尊重民俗

闽南一带的传统民居，石雕几乎应用于一切领域。白石门廊配以楹联、匾额以及各种雕刻，增加了建筑的文化内涵，提高了建筑造型的艺术效果，深受广大群众的喜爱，形成了独具特色的闽南侨乡建筑风貌。在这一带的农村住宅设计中，都为再现这种传统文化创造条件，得到广大群众的欢迎。家家户户都利用花岗岩的石门框、镌刻楹联。楹联的文字，既是上等的书法篆刻，也是文学佳作，营造了浓郁的文化氛围，展现了人们对新居的企求和颂扬，为住宅小区增添秀气和活力。仙游县榜头镇建光小区，有一户人家的门联，上联曰："新厦落成增秀气"，下联曰："华门安居进财源"。深刻地反映出农民对盖新房、建新村，改善居住环境，才能让村民华门安居，得到"安居乐业"，从而广进财源的朴素要求。在南安英都镇溪益住宅小区的建设中，广大群众对小区的居住环境极为满意，一位洪姓人家在溪边的新居石门框上镌刻着上联为"闲居观景可怡情"，下联为"静憩小楼能养性"。横批即为"溪声琴韵"（见图7-15）反映了他对新居无限欢欣的激情。

图7-15 南安市英都镇溪益小区
住宅大门的石刻门联

在平面布置中，还为福建民俗中每逢喜庆等活动在门廊上张灯结彩、在厅堂正中的墙上要悬挂喜帐创造条件。

对于新农村住宅的设计，尚有很多问题需要大家共同探讨，我们的探索仅仅是为提高新农村住宅的设计水平，充当铺垫农宅设计新途的一颗小小的石子。

7.2 认真研究，注重内涵

7.2.1 "古大厝" 凝固的故乡魂——泉州传统民居红砖建筑文化初探

地处闽南泉州湾畔的惠安，是我的故乡，她是著名的侨乡和台、港、澳同胞的祖籍地之一。

出自惠安工匠营造的富丽堂皇、古色古香的五间张"古大厝"（见图7-16），通常被人们称为"皇宫起"或"双燕归脊"。她遍布在闽南语系的各个乡村，是这一带民间最富有特色的传统民居。闽"台"语言相通，本是一家。台湾的民居也多仿照。这种红砖建筑便成为联结台湾海峡两岸充满血肉亲情的展现。她也成为海外侨胞和外出乡人思念故土、追寻祖根的寄托。远望这一座座红瓦屋面、红砖白石相映衬的屋宇，都有高啄的檐牙，长龙似的凌空欲飞的雕甍和双燕归脊的厝脊。近瞻一家家白石门廊都镶满镏金石刻的题匾、门联、书画卷轴。精美的木雕和各种人物、花卉、飞禽走兽的青石浮雕，两旁是大幅衬有青石透雕窗棂的红砖拼砌花墙，墙基柱础也尽是珍禽异兽、花草鱼虫浮雕，就连那檐部也缀满一出出白垩泥彩戏文塑像，更使人大有满目琳琅、美不胜收之感。登堂入室，则见雕梁画栋，"雕玉填以居楹，裁金壁以

图7-16　富丽堂皇、古色古香的"古大厝"

饰铠"，"发五色之渥彩，光焰朗以景彰"。不但梁木斗拱雕工十分精细，厅堂门屏窗饰尽都镂空雕花，而且一式是大红砖地，一式是石砌的庭阶栏楯，真可谓"朱门绮户"、"雕栏玉砌"。每一座"古大厝"，简直都是一件典雅华贵的建筑艺术精品。典雅华贵、精美绚丽、如诗如画的"古大厝"，这种让世人称奇而大加赞誉的红砖建筑是中国传统民居建筑中的一朵奇葩。

"古大厝"为什么会这样精美？

（1）优美的传说

据载，唐朝末年，王审知随兄唐威节度使王潮入闽，光化庚申（公元900年），唐昭宗封王审知为闽王。不久，审知聘惠安黄田（锦田）唐朝工部侍郎黄纳裕的侄女黄厥为妃。黄氏聪慧贤德，进宫后，能保民女本色，明后妃之德，戒浮奢，倡耕织，对王劝谏恳切，深得王审知的宠爱与信赖，实为王审知治闽的得力助手。她生了两个儿子，长子叫延钧，次子叫延政。后王延钧以时乱在闽称帝，建立了五代十国的闽国。年号龙启，尊黄妃为太后。黄氏在宫中，常思念家人，每当风雨交加之夕，便秀眉深锁，有一天早晨，北风怒号、瓦霜棱棱，她见此状想到家乡父老，茅舍难安，也便伤心流泪起来，闽王见她如此，问她有何心事，她说道："我家地处海边，虽序属秋日，也如同冬天一样，屋瓦常被海风刮走，父母兄嫂居住破屋，不像我们住在都市，深宫内院，有城廓围护，生活过得那么舒适"，闽王听罢便下诏："赐汝母房屋可依照王宫模式建造"，这时黄太后立即跪谢圣恩道："谢君王赐我府房屋可依照王宫模式建造"。因泉州方言"母"与"府"谐音，她故意把"母"念成"府"，闽王听后，急更改道："我说的是'赐汝母'，不是'赐汝府'"，太后立即正色言道："君无戏言，适才君王说的的确是赐汝府，焉可更改"。闽王没有办法，只好照办。这便是五代以来，泉州府一带房屋檐牙高啄，屋顶许用瓦粘的王宫模式建筑的由来。泉州一带的建筑自古以来，确实以极其精美的独特风格深受赞誉。

（2）惠安人倔强的意志、创美的本性、精湛的技艺，是"古大厝"的创作源泉

人类艺术发展史告诉我们，任何艺术最高成就的产生都需要该种艺术的群众性艺术行为作为它的基础土壤，大的艺术氛围环境培养和孕育了其中的佼佼者。世界现代建筑大师莱特也指出："唯一真正的文化是土生土长的文化。"

建筑在生成过程中凝结了意念与追求，它的实体形态绝非自然界中的任意物象，而是经过设计者的立意构思。并通过某种方法表达出人的精神愿望、理想追求和审美意境，使人通过对建筑的解读而有所感悟。因此，一座卓越的建筑绝不是建筑师胸无感触的东西，它必然出自时代精神和建筑师的灵魂深处，它是有感而发的诗。这是一种直接的、不可抗拒的和无法躲过的视觉语言符号。它出自内心，所以才能进入千百万人的内心。只有第一等的襟抱、第一等学识和第一等激情，才会有蓝天之下、大地之上第一等的建筑艺术，即便是一堵墙、一扇门或窗，也会有震撼人心的力量。

只有作者具备了崇高的思想、崇高的感情和崇高的想象力，才有可能创作、设计出崇高的建筑。不是所有具备崇高思想感情的建筑师都会设计出崇高建筑，但凡是创作出了崇高建筑的人，无一不具备了崇高的思想感情。

满山遍野的石头，水瘦山寒、冷落沉寂。在那过去的年代，故乡惠安曾到处呈现着一片贫困的景象。石，形成的"臭头山"也曾与番薯并列为惠安贫困落后的标志。在严峻冷酷的困难面前，先民们以不屈不挠的精神，凭着"木板再坚硬，钉子自有路"和"有心吃仙桃，哪怕西天高"的坚韧精神和谋生能力。信奉"只有冻死的苍蝇，没有累死的蜜蜂"，抱着"输人不输阵，输阵番薯面"的思想，鄙视那些"船头怕鬼，船尾怕贼"，不敢出远门的懦夫和游手好闲的懒汉，瞧不起那些只说不做的"言语巨人，行动矮子"。以"三分天注定，七分靠拼命"和"敢拼才会赢"的坚强信念，使得"手工吃不会空"的观念深入人心。男人须从小学习一门手艺，出外打工。否则，会让人鄙视，这便成了惠安民间的一种风俗。

贫瘠的土地造就了惠安人艰苦奋斗、善于拼搏、勤俭节约的风尚。先民们迫于生计，为了养家糊口、建家立业，他们带上"灶心土"辞亲别祖，或背井离乡，或漂洋出海。怀着思乡的情结，流着相思泪，过着"日头炎爆爆，石头硬鹄鹄，饮糜（稀）漉漉，菜脯咸笃笃"的艰苦生活，不忘"摇篮血迹"地记挂着父母、妻儿，挣得"当夫卖团钱"，寄回家。广大的惠安工匠经过长期的生活磨炼，赋予他们倔强的意志，巨大的力气。用他们的亲身经历和内心感受，激发起创美的本性，练就了精湛的技艺形成了推李周为"宗师"的五峰石雕、尊王益顺为"大木匠师"的溪底木雕和靠着祖传技艺远走他乡的龙西泥水匠为代表的惠安崇武建筑三匠。深入人心的"起厝功，居厝福"，使得他们用不断发展的高超技艺建筑起来的"古大厝"，美轮美奂，流光溢彩。

（3）"古大厝"是传统民居中的一朵奇葩

建筑艺术是一门实用性很强的艺术。建筑具有双重性，它既是一门技术科学，同时也是一门艺术，两者是统一的，不可分割的。

"古大厝"的魅力所在就是由于建筑艺术与雕刻艺术的完美结合，用其独特的造型语言，通过视觉传达、表现情感、唤起情感。它超越实用，以美观理想的视觉形象与高品位的艺术环境感化人，激发人们对于自然、生活的美好想象，提高环境的生存质量和民众的素养。

①典型标志的"双燕归脊"。利用各种屋顶的形式和屋脊的变化，使得建筑的天际轮廓线丰富多姿是我国优秀传统民居的一大特点。喜用灰塑雀鸟的屋脊装饰，有如真鸟栖息，生动有趣。这种屋面装饰手法，是汉代建筑的特征之一。在我国各地民居中，至今仍采用龙、凤、鱼和雀鸟装饰或作为鸱吻。但以"归燕"作为厝角者，即是故乡"古大厝"极为独特的所在，是"古大厝"的典型标志，人们赞誉为"双燕归脊"的"古大厝"。

用泥灰塑造的双燕凌空疾返所形成优美柔和的曲线，其中间低而两侧急剧向上弯曲高高翘起的"双燕归脊"（见图7-17），不仅大大地丰富了"古大厝"的天际轮廓，使得立体感更加丰富强烈，而其"如翚斯飞"的形象更加令人深思。被专家、学者们誉为"翘脊文化"，这优美柔和的曲线也常为建筑师们在现代建筑的设计中加以运用。

对于这一独特的建筑形象也特别引起我的兴趣，激发起我追源求索的情感。为什么要用与众不同的"归燕"呢？为什么屋脊要起翘呢？又为什么要叫"双燕归脊"呢？这独特的做法和神奇般的称谓常常使我迷惑，促使我不断地向乡人、老工匠请教，经常对"古大厝"进行细心的推敲，并和专家、学者、同行探讨，但都难能得到令人较为确切的答案。经过多年探索和苦思，在一次次的揣摩中终于从乡人对厅堂燕子筑巢倍加呵护中得到启示，通过对故里人们深厚思乡之情和感恩孝敬之心等优良传统的分析研究，欣慰地获得一个颇富文化内涵的答案。

燕子，是一种极受故乡人们喜爱的有益候鸟，常被比喻为外出的亲人。因此，燕子在"古大厝"高大的厅堂墙壁上构筑归巢，被认为是一种意味远走异乡的亲人平安回归的吉祥预兆，因此，备受人们的欢迎并大加保护。不仅如此，匠师在两侧的山墙上还砌筑了一条为避免山墙过于高大构思独特的鸟踏线（对位线），这也是："古大厝"最为独特的处理手法之一。它可为归燕和鸟雀作为短暂的憩息。而那不设内窗扇的通风防潮栋尾窗（山墙通风窗）也为燕子归巢提供了方便。就连那为了"遮阴纳阳"的"反宇向阳"屋顶曲线也都与燕雀的飞翔曲线相似。

用泥灰塑造栩栩如生的双燕是对外出亲人的人性化比拟。用"双燕归脊"来表达在家父母、妻儿以一种"意恐迟迟归"的特殊心情，期盼着外出亲人能够早日平安回归，凌空疾返所形成的曲线具有强劲的力量，如同那远在他乡的亲人归心如箭的思乡之情。由一座座"双燕归脊"的"古大厝"组成的村落，屋顶起伏的曲线与那万顷碧波、起伏连绵的山冈融为一体，互为呼应，相映成趣。这村落，这"古大厝"镶嵌在山水之间，与大自然彼此紧密地融合，形同山水的儿子，这都显示了外出亲人对故土的眷恋。

正是这用泥灰塑造的"双燕归脊"传递了父母盼儿归的信息，呼唤着外出亲人的乡思，才使得"古大厝"充满着无限的生气和魅力。那一条条凌空疾返的"双燕归脊"便成为"古大厝"在中国传统民居中最富独特性的典型标志。

图7-17　"古大厝"如翚斯飞的"双燕归脊"

②典雅华贵的"面前堂"（正立面）。在传统的中国民居中，大门位于人们的视线最为集中的部位。因此"门"是中国传统民居最讲究一种形态构成。"门第"、"门阀"、"门当户对"，传统的世俗观念往往把功能的门精神化了，家家户户都刻意装饰；作为功能的门，它是实墙上的"虚"，而作为精神上的意象或标志，它又是实墙上"虚"背景上的"实"。传统的中国民居，不论是徽州民居、浙江民居、山西民居、北京四合院等，大多数为了突出大门实用功能和精神上的意象或标志。因此，除了着重对门进行重点装饰外，墙面即多为厚实简单。

惠安人、泉州人、故乡的人都十分重视门的装饰，乡人们经常说："人着衣装，厝需门面"。因此故乡的"古大厝"，不仅沿袭传统民居重视大门入口的装饰外，而且更加注重面前堂（正立面）的装饰，这就使得"古大厝"更具感染力，更富风采。从而成为夸富争荣之处，以其"露富"而有别于其他地方"藏富"的风俗。

"古大厝"的大门呈凹进式门廊，又为塌寿式的"门屋路"（见图7-18）。既可防备风雨对木质大门的侵袭，又可展现厝主的成就。从它的表现形式，就可分辨出厝宅所有者的身份、族

图7-18 "古大厝"的"门屋路"

系、地位及财力的厚薄。"古大厝"在"门屋路"内设仅供重大典礼使用的正大门和供日常家居进出的两边角门。大门的门框一般采用花岗岩雕制而成，并镌刻对联，多数嵌有起厝者名字的冠头联。大门之上，另雕横匾一方，上面镌刻厝主姓氏之郡望、人望或意望，以展示家族的名望。雕刻郡望的如蔡姓多刻"济阳衍派"、刘姓多刻"彭城衍派"、陈姓多刻"颖川衍派"、骆姓多刻"内黄衍派"、郑姓即刻"荥阳衍派"等，用以表示祖先来自何方的宗族渊源。雕刻人望的，如王姓多刻"开闽衍派"、林姓即刻"九牧衍派"等，用以展现祖先的官爵荣耀。雕刻意望的，如陈姓多刻"飞钱传芳"、黄姓即刻"紫云流芳"、丁姓即刻"聚书世家"等，用以表达祖先的独特贡献。且有兴建年月的上下款。大门楣的两侧，各嵌一枚雕花短圆柱体的"门乳"（在宫庙或祠堂即多称伍员目）。

从前墙凹进大门这片小天地的塌寿式"门屋路"，这里有大门、两角门和"门屋路"的壁垛，其上通常用石板或木材雕刻花鸟或名人诗词及人物故事。也有用水灰、剪五色瓷片粘成花卉图案。这个"门屋路"是"古大厝"跨富斗巧之处，有钱人常花巨资雇请石、木名匠精工雕刻。

"门屋路"的装饰，有全用石雕的或木雕的。也有下部用石、上部用木雕的（即在角门前方转角石柱上，用两段短木柱衔接，上面挑出木制半拱，半拱末端垂下两段精雕加工的木吊筒，上面雕刻花瓣或人物，然后油漆安上金箔），极为华丽，使得"门屋路"更为精湛华丽，令人叹为观止。

这"皇宫起"的"古大厝"，不仅以塌寿式"门屋路"的装饰那独特的精湛雕刻艺术而享誉海内外，面前堂（正立面）的整体装饰，更是令人赞不绝口。典型的五间张"古大厝"，由檐部、墙壁和须弥座的垂直三段和以"门屋路"居中的水平五段组成（见图7-19），其立面的划分和黄金比例的几何尺寸，似乎也和西方文艺复兴的古典建筑，甚为相似，其中有些柱子甚至采用

图 7-19　"古大厝"的"面前堂"

图 7-20　"古大厝"的虎脚兽是起坐式"马季垛座"

了欧洲的古典柱式。尽管这样，但采用各种独特的雕刻艺术装饰起来的"古大厝"面前堂（正立面），依然是那么传统的古色古香。"古大厝"以其独特的面前堂（正立面），依然给人们留下对故乡无限眷恋的感受。"古大厝"面前堂（正立面）的须弥座常以虎脚兽足起座式"马季垛座"石雕的勒脚（见图 7-20）和裙垛石雕组成。

由"垂珠瓦"、"花头瓦当"组成锯齿状、起伏变化、富有节奏、整齐美观的檐口和运路，水车垛组成了装饰华丽、层次丰富的檐部。

水车垛在壁垛的上部，檐口的下面，特别砌了一道凹垛，因整道垛长如水车，故俗称"水车垛。"垛内装塑了人物故事，花鸟树木，是泥水师傅精细工艺集中表现的天地，塑成后，再加彩绘，真是惟妙惟肖，栩栩如生。垛外用玻璃密封保护。这种装饰多为豪富之家采用。最

图 7-21　"古大厝"的"车水垛"

图 7-22　由壁垛和角牌组成的"古大厝"墙壁

具代表性的是泉州亭店村杨阿苗的"古大厝"，整道"水车垛"均用辉绿岩精雕人物故事，且多镂空细雕，须眉毕现，为石雕工艺精品（见图7-21）。

运路。常用几种不同规格的砖块，錾砌不同花纹，逐行向墙外挑出，以增加屋檐外伸的长度，并丰富了立面造型。整条"运路"围绕四周，为"古大厝"创造了一条风格独特而优美厚重的檐口线。

墙壁由壁垛和角牌组成（见图7-22）。壁垛是位于"古大厝"正立面须弥座以上和檐部下面的墙壁。由于穿斗木构的"古大厝"，墙体仅仅是围护结构，能工巧匠们便充分利用这非承重外墙的结构特点，利用当地独特的红砖做外墙，工匠们对红砖封垛外墙采用拼、砌、嵌工艺做成古钱花垛、海棠花垛、梅花封垛、葫芦塞花、龟背、蟹壳以及人字纹、土字纹等花样，展现人们追求吉祥如意、富贵长寿的期盼。在角牌（壁柱）上的红砖壁柱常用红砖錾砌成隶书或古篆书的对联。整垛墙壁用几种不同规格的红砖，经泥水工横、竖、倒砌筑，白灰勾缝形成红白线条优美的拼花图案，其色泽古雅艳丽、光洁可爱，使得"古大厝"更显华丽高雅、更为耐人寻味。

历史上政治经济和社会文化的多种反复影响，势必在建筑形式和风格等方面得到反映。那么，"古大厝"为什么要建筑得如此的精美和豪华呢？究其渊源的历史和深刻的内涵是：

a. 竞争的需要：从唐至宋、元时代，在惠安所处的泉州，因海外贸易的逐渐发展而一跃成为"民夷杂处"、"梯航万国"的东方贸易大港，成为中世纪我国对外贸易的四大海港之一。被著名的意大利旅行家马可·波罗誉为可与埃及亚历山大港并称的"东方巨港"。在这样国际性贸易的大都会中，所有的艺术作品都很难完全保持自身"纯正"的风格，而体现出一种艺术融合的特征。在这里，各国、各地区、各民族的艺术家们，一方面力图表现自身的艺术才华与本民族的文化特色，以提高本民族、本地区的商业贸易可信度，增强其内部的凝聚力。另一方面，在人才云集贯通交融的氛围中，又常常不自觉地受到外来文化的深刻影响，特别是宋元鼎盛时期的宽松气氛，也加强了这种相互学习的特征。因此，为了满足竞争的需要，纷纷出现争相展现其雄厚实力的风尚。

b. 勤奋的表现：在故乡惠安、在泉州一带，长期受贫困煎熬的人们，惧怕贫困，努力排除贫困。富裕是勤奋敢于拼搏的表现，受到人们的尊重和敬仰；而贫穷即是"没本事"懒汉、懦夫的反映，受到人们的鄙视和瞧不起。因此，富裕便成为人们竞相追求的愿望。典雅华贵的面堂前（正立面），正好是人们以"露富"展示勤奋致富的表现。

c. 幸福的期盼："古大厝"面前堂（正立面）所采用的各种雕刻、泥塑和砖砌拼花图案，都是琴棋书画、八仙渔鼓、梅兰菊竹、花鸟鱼虫和故事人物等，用以祈求五谷丰登、人财两旺和消灾灭病的良好愿望，寄托对外出亲人吉祥平安的祝福，也是外出亲人对家乡父母妻儿的思念。那水车垛有如经过努力而达到财源滚滚来，而那兽足虎脚的马季垛是稳固基础的展现，红色的墙壁更使得整幢"古大厝"光彩夺目，尽显喜庆的气氛，以满足人们对幸福的期盼。

d. 聚族的象征：由于外出的游子大多是在族人、亲朋的提携和照顾下，与当地群众和睦相处，通过艰苦奋斗，求得生活出路，兴旺发达，以接济贫困的家庭，报效父母先祖，努力为家中的父母妻儿创造美好的家居环境，用以展现其勤劳奋斗的雄厚财力。他们的成功都时时感念着先辈的养育之恩、族人提携的亲情。因此，在门额上门的横匾上多是用以显示本家族的宗族渊源，起到了追根寻祖的作用，它时刻向族人强调家族血缘的观念，以助家族内部团结与协作。

③雕梁画栋的厅堂。中国传统民居多为木构架，雕梁画栋虽然在传统民居中普遍运用。但故乡的"古大厝"更是以雕梁画栋的高超技艺展现丰厚的财力和精心经营。

厅堂，作为供奉祖先灵位和神灵的圣地，是家族最主要的室内公共活动场所，也是举行婚丧寿庆和佳节盛会宴请宾客的重要场所，是集中体现"古大厝"文化的核心。特别受厝主的重视，因此，都会通过雕梁画栋等加以精心经营。在厅堂正中的主墙布置着供奉祖先神灵的祭坛、家谱、神位和佛龛。为了显耀主人的社会地位、财力、文化教养等，人们常常把所有的风俗习惯、文化信仰、荣誉财富……统统堆集在厅堂两侧。有名人题写的匾额诗词，有松鹤延年、牡丹富贵、福禄寿喜、盛世升平的年画挂图。还有家谱、神位、佛龛，作为供奉祖先神灵的祭坛，也是满目生辉、堂皇高雅。对于厅堂中的樑枋、椽头、托拱、柱础、门窗及屏风隔扇，甚至家具陈设也都尽力地精雕细刻，加以表现他们通过勤奋努力"报得三春晖"，光宗耀祖的孝心（见图7-23）。

④独具特色的"红砖文化"。"古大厝"，砌筑墙面的是"红"砖，用作地面的是"红"地砖，铺盖翘角斜屋顶的是"红"瓦，甚至连所用的"泉州白"砻石也是一种略带红色的白色花岗岩。这便使得"古大厝"成为中国传统民居建筑中唯一的红砖建筑。因此，这红砖建筑便成为泉州侨乡、广大群众喜闻乐见的一种独特建筑，专家学者把其誉为"红砖文化"，因此对其文化内涵应进行倾心的探索。

a. 崇尚吉庆的民情风俗：红色是深受中华民族用以展现吉祥喜庆的颜色，"中国红"就是

图7-23 "古大厝"雕梁画栋的厅堂

我们中国人引以为豪的色彩。在故乡这片港台澳同胞和侨胞的祖籍地，人们对红色更是颇具偏爱。在泉州一带，盛开的红色刺桐花遍布大街小巷，和那红春联、红灯笼为冬日里的城镇和乡村飘溢着热烈的喜庆气氛；婚庆和乔迁之时，厅堂张挂的红喜帐为屋内充满洋洋的喜气；漆满红色的家具是洞房的标志；而老妇人头插红花、带红头巾，更是故乡家庭福运的象征；为了祝福在探亲访友携带礼品也喜爱选用红色包装，或在礼品上贴上一小块红纸。红色，在故乡比起中华大地的其他地方，具有更为深刻的文化内涵。

在那经济贫困、技术落后、交通不便的年代，贫困和落后迫使故乡的很多亲人都远走他乡、漂洋出海、四处谋生，"忌白喜红"便成为期望远方亲人吉祥平安的祈求，也成为故乡独特的民情风俗。

b. 超凡脱俗的制作技术：为了适应不同的用途的需要，先人们用高超的技术，创造性地利用不同的焙烧工艺制作出吸湿防潮、耐磨防滑的红色地面砖；烧就了硬度高、表面光滑、色泽艳丽、耐风化的红色墙面砖和抗渗透强的多种红色屋面瓦材。为"古大厝"这独特红砖建筑的建造创造了物质基础。

c. 匠心独运的砌筑工艺：匠心独运的砌筑工艺在"古大厝"的壁垛施工时得到充分的展现，壁垛是位于"古大厝"正面须弥座以上和檐部下面的砖壁。由于穿斗木构的"古大厝"，其墙体仅仅是围护结构，能工巧匠们充分利用这非承重外墙的结构特点，利用当地独特的红砖，发挥其精湛的技艺。在这里，工匠们对红砖封垛的外墙采用拼、砌、嵌工艺砌筑的各种花饰纹样，展现其追求吉祥如意、富贵长寿的期盼。其色泽古雅艳丽、光洁可爱。常为专家、学者们赞誉为最具特色的"红砖文化"。

每当我看到或脑海中浮现这与其他中国传统民居所不同的面前堂（正立面），也迫使我更加自觉地去追寻被专家、学者们誉为"红砖文化"的文化内涵何在。

d. 独树一帜的建筑文化：超凡脱俗的制作技术和匠心独运的砌筑工艺，满足了先民们创造出展现侨乡民情风俗充满喜庆的"古大厝"的愿望，其红砖的运用充分显示出"古大厝"深厚的文化内涵，令专家学者赞为"红砖文化"的"古大厝"在中国传统民居中以其独特的红色而大放异彩。如图7-24～图7-30。

（4）弘扬"古大厝"的传统建筑文化，再创建筑艺术的辉煌

故乡的"古大厝"以其优美柔和的曲线、富于变化的层次、吉祥艳丽的色彩和精湛华丽的装饰所形成的独特风格而备受赞誉。这其中，惠安的工匠们匠心独运的石雕、木雕、砖雕、泥塑和红砖拼砌等堪称一绝的技艺，充分展现了先民们亲身的感受而创造这颇富文化内涵的"古大厝"。

尽管受到文化交融、社会发展和技术进步的影响，新建的民居，虽然已不再是"双燕归脊"的"古大厝"，但不管是融东西方建筑文化于一体的"洋楼"，还是既注重美观又注重实用的现代建筑。它们也无不仍然保存着传统砖石结构的精湛技艺，仍然保留着喜饰石刻题匾、门联的风习。依然激励着人们勤奋拼搏，依然唤起人们的怀念故土的乡思。

图7-24　泉州朝天门红砖建筑（摄影：陈英杰）

图7-25　泉州西街红砖建筑（摄影：陈英杰）

图7-26 国家重点文物保护单位蔡氏古民居 红砖建筑群（摄影：陈英杰）

图7-27 泉州古民居红砖建筑群正面（摄影：蒋钦泉）

图7-28 泉州古民居红瓦屋顶（摄影：陈英杰）

图 7-29 泉州新门街红砖建筑群富有闽南特色（摄影：陈英杰）

红砖墙面（一）　　　　　红砖墙面（二）　　　　　红砖墙面（三）

红砖墙面（四）　　　　　红砖墙面（五）　　　　　红砖地面

图 7-30　红砖墙面及地面

　　"古大厝"用建筑艺术的特殊语言诗就孟郊（唐）笔下的《游子吟》，是一篇感人肺腑、展现侨乡风情的诗文；是用独特的建筑造型谱就一曲凝固着故乡魂的传世乐章；是一首崇尚忠孝、仁义、吉祥、平安、富贵、和睦的千古绝唱。

　　由于"古大厝"有着深厚的文化内涵，才能成为传统民居中的一朵奇葩。最近，"古大厝"作为闽系红砖建筑的代表启动，作为台湾海峡两岸共同申请列入世界文化遗产名录的特殊项目，因此我们更应该倍加珍惜和爱护，同时还要对其深厚的文化内涵进行深入的探讨，才能真正理解"古大厝"建筑文化内涵的真谛，保护好"古大厝"，也才能在新材料和多种科技进行创造性的应用中，努力传承其独特的神韵，并使得在现代建筑中不仅能反映出时代的精神，而且更富有耐人寻味的优秀传统建筑文化内涵。

7.2.2　福建省华安县台湾原住民住宅的设计创作

　　台湾原住民，是居住在台湾的少数民族的总称。根据专家考证台湾原住民是我国古代百越族的一部分，是台湾现存最早的土著民族。他们的祖先从东南沿海漂洋过海，在台湾阿里山山麓及东部山地扎根繁衍，安居乐业，共分9个族群。

　　目前，共有150多位第一代台湾原住民同胞散居在祖国大陆，而定居在福建省华安县的就有35户119人，华安成为祖国大陆台籍台湾原住民同胞聚居最多最集中的县分，他们主要分布在沙建、仙都、华丰和良村4个乡镇的偏远山村。

　　各级党委和政府认真贯彻党的民族政策，在政治、经济、生活方面给予了他们无微不至的关怀。为发展旅游业，促进地方经济，华安县建立了台湾原住民民俗风情园、风情歌舞厅、台湾原住民同胞民俗器具展览馆，并组建了一支台湾原住民民俗表演队及台湾原住民运动队。每逢游客到来，台湾原住民民俗表演队身着艳丽的台湾原住民服装、跳起激情奔放的舞蹈，成为华安生态之旅一道亮丽的风景线。为了更好地帮助台湾原住民同胞发展经济，促进华安旅游业的发展，2000年福建省漳州市华安县各级政府决定投资400多万元，在华安县城关规划占地约30亩山地作为台湾原住民同胞迁入新居后种菜、发展果竹等生产项目的用地。

　　建设供台湾原住民同胞居住的民俗村是一项创举，但由于与台湾原住民同胞接触少，对台湾原住民同胞居住的情况更是一无所知。通过翻阅资料和调查研究，使我们对台湾原住民的建筑形式有了初步的认识。

（1）创作研究

　　①干栏式建筑。台湾原住民同胞与百越族人居住完全一样，是采用干栏式建筑。最主要的作用是避免动物、昆虫以及湿气的侵袭，继而发展成为住宅室内与室外的过渡空间，这对于夏季闷热的气候有纳凉的作用，同时也是聚会交谊的地方（见图7-31）。

图7-31　台湾原住民的干栏式民居

②形式特色

a. "舌"式进口："舌"进口及门在山墙面是台湾原住民住屋的特色（见图7-32）。

图7-32　"舌"进口及门在山墙面

b. 鸟尾巴式屋顶：百越族人崇拜鸟神，以鸟为图腾，把鸟作为至上的象征物饰于器物。台湾台湾原住民同胞也有崇鸟风俗，传说中"鸟神"曾为台湾原住民同胞取来火种，在如今台湾原住民同胞房屋的屋脊上，依然点缀有鸟形的饰物。

c. 倒梯形墙壁：台湾原住民同胞住屋的墙壁是使用芦苇编制的，外抹灰泥，墙面做成倒梯形的斜面，水在斜面上不能渗进室内，雨直接滴落地面，从而起到防水的作用。

d. 红色玻璃珠的装饰：据有关资料介绍，台湾原住民对红色玻璃球相当重视。据记载："……当任何人生病，巫医在病人身上挥动香蕉叶，接吻与吸吮痛苦的部分，不管生与死，巫医唯一的报酬是红色玻璃珠……"，"……把槟榔放进一个红色玻璃珠，放在掌心，在神的脸前挥动，希望能帮助并保佑他们的追猎。""……提供槟榔与红珠的人，往往被认为可能在向对方寻找和平……"。由此，他们往往把象征吉祥的红色玻璃珠作为建筑物的装饰。

③宗教。台湾原住民的宗教信仰为祖灵信仰，在他们的祖灵里，布施与降祸的几乎都是同一灵魂所造成，这种没有清楚界定的灵魂主宰着他们的生命观。因此，祖灵是时刻与活着的人在一起的。

在台湾原住民的生活习俗中，没有汉人过年的习俗，但却维持着过年在厨房祭祖的巴律令仪式，当天午夜全家聚集在厨房，女主人先准备一块干净的板子放在厨灶上，由家中最年长的女性开始，先在两个酒杯中分别斟上白酿酒和一般米酒，由主祭者念祷文。巴律令仪式后，一般都还有一个围炉团聚的活动，在屋内升起火，认为祖灵在此时会回到家中，与家人团聚，共度一个温馨的夜晚。

（2）设计实践

根据以上的认识，可以看到，台湾原住民在千百年的生活体验中，已发展出一套适应潮湿多雨的建筑文化。福建省的华安县也是一个潮湿多雨的地方，因此在华安台湾原住民民俗村的住宅设计中应从台湾原住民的建筑文化出发，采用现代建筑技术进行建造。图 7-33 是华安县台湾原住民民俗村的规划图。

通过反复比较，推荐了 A、B、C 三个设计方案供华安的台湾原住民同胞选择（见图 7-34 ~ 图 7-39），这三个设计方案的共同特点是：

①为了适应华安的气候条件和地处山坡的建筑场地，采用底层架空作为休闲空间的干栏式建筑。

②入口楼梯为布置在山墙面的"舌"式楼梯。

③在平面布置中，较为宽敞的厨房，可供炊事及在厨房举行祭祖的巴律令仪式。可供家庭自用的卧室和卫生间，一般均布置在二层，而供游客居住的客房一般布置在三层，并有宽敞的车库。为了适应游客相对独立的需要，C 型住宅布置了自室外直达三层的楼梯。此外，布置了露天的挑廊和露台，以满足游客参加及欣赏各种台湾原住民同胞富有特色的活动的愿望，如露天石板烧烤、中心顶杆球、柁罗及广场的歌舞和体育比赛活动。

④在立面造型上采用了在有鸟尾造型屋脊的双坡顶或歇山坡屋顶及倒梯形的墙面，并以红色玻璃珠作为上墙面的装饰。

华安台湾原住民民俗村的三种住宅以其颇富传统的风貌展现了独具特色的台湾原住民建筑文化，而那简洁明快、通透轻巧的立面造型又极具时代气息。

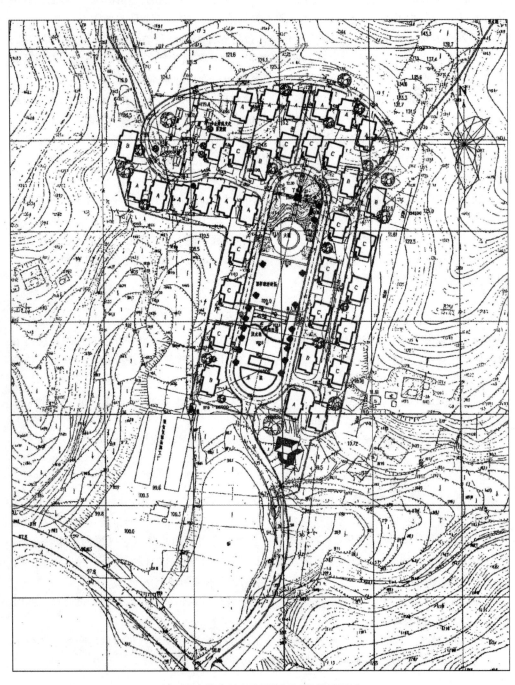

图7-33 华安县台湾原住民民俗村规划图

图7-34　台湾原住民 A 型住宅效果图

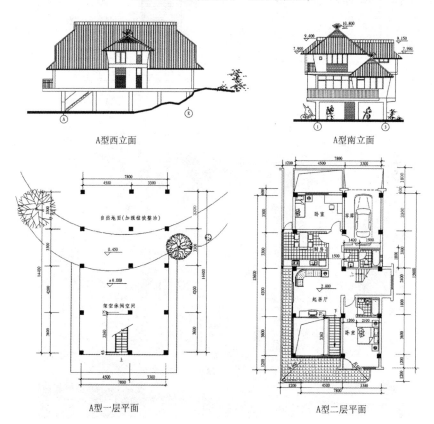

A型西立面　　　　　　　　　　　　　　　A型南立面

A型一层平面　　　　　　　　　　　　　　A型二层平面

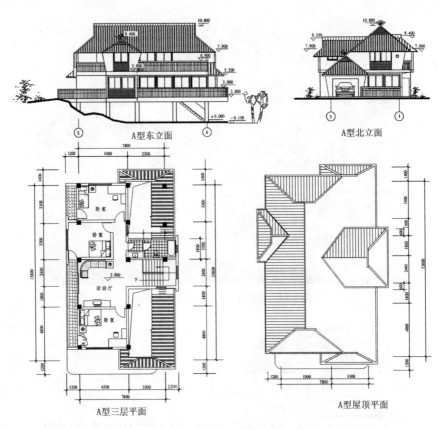

A型东立面　　　　　　　　　A型北立面

A型三层平面　　　　　　　　　A型屋顶平面

图7-35　A型住宅平、立面图

图7-36　台湾原住民B型住宅效果图

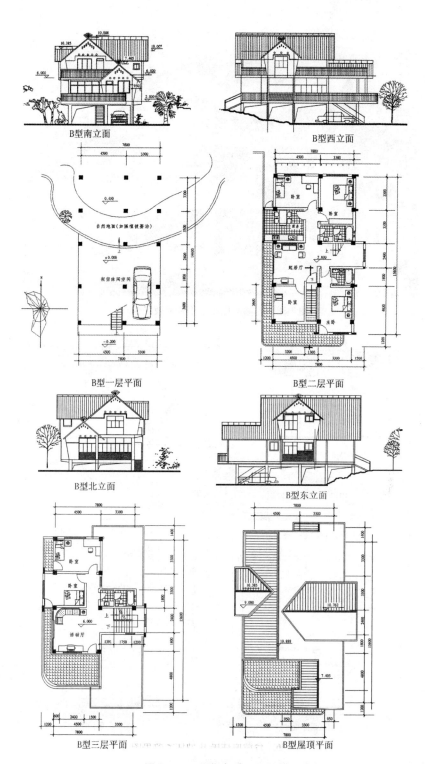

图7-37 B型住宅平、立面图

图7-38 台湾原住民C型住宅效果图

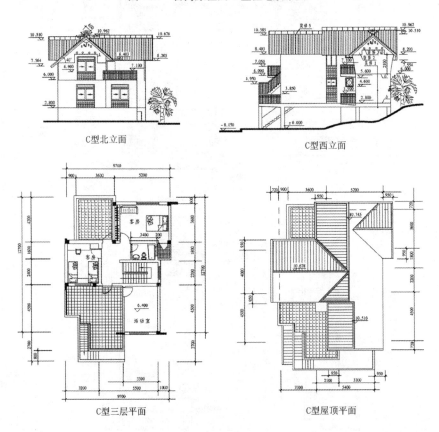

C型北立面

C型西立面

C型三层平面

C型屋顶平面

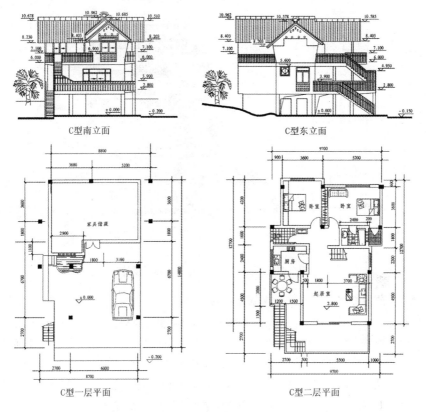

图 7-39　C 型住宅平、立面图

7.2.3　北京四合院建筑文化与细部设计

北京四合院民居（见图 7-40、图 7-41）是北方地区有代表性的民居建筑，其严谨的布局体现了我国传统建筑文化的精髓，达到了"天人合一"，以人为本的境界。

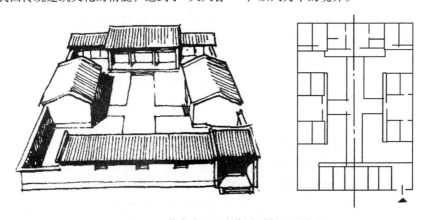

图 7-40　北京小型四合院平面布局及外观

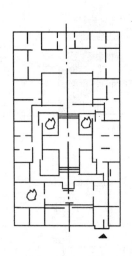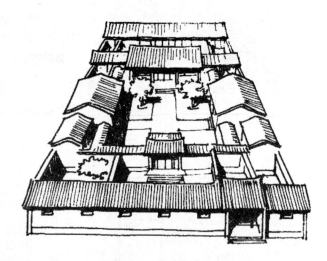

图7-41 北京三进四合院平面布局及外观

自元代正式建都北京，大规模规划建设便从都城开始，四合院就与北京的宫殿、衙署、街区、坊巷和胡同同时出现了。据元末熊梦祥所著《析津志》载："大街制，自南以至于北谓之经，自东至西谓之纬。大街二十四步阔，三百八十四火巷，二十九街通。"这里所谓"街通"即我们今日所称胡同，胡同与胡同之间是供臣民建造住宅的地皮。当时，元世祖忽必烈"诏旧城居民之过京城老，以赀高(有钱人)及居职(在朝廷供职)者为先，乃定制以地八亩为一分"，分给迁京之官贾营建住宅，北京传统四合院住宅大规模形成即由此开始。

（1）四合院的文化

北京四合院，天下闻名。旧时的北京，除了紫禁城、皇家苑囿，寺观庙坛及王府衙署外，大量的建筑，便是那数不清的四合院百姓住宅。

《日下旧闻考》中引元人诗云："云开间阖三千丈，雾暗楼台百万家。"这"百万家"的住宅，便是如今所说的北京四合院。

它虽为居住建筑，却蕴含着深刻的文化内涵，是中华传统文化的载体。四合院的营建是极讲究风水的，从择地、定位到确定每幢建筑的具体尺度，都要按风水理论来进行。

北京四合院最大的特点就是以院落为中心组织建筑，形成了严谨的序列空间。大门、影壁、外院、垂花门、内院、厢房、正房、耳房、后罩房等，都按照秩序排列在轴线上，形成了内外有别、尊卑有序的居住文化。

（2）四合院的格局

四合院在中国有相当悠久的历史，根据现有的文物资料分析，早在两千多年前就有四合院形式的建筑出现。这是因为北京四合院的型制规整，十分具有典型性，在各种各样的四合院当中，北京四合院可以代表其主要特点。

所谓四合，"四"指东、西、南、北四面，"合"即四面房屋围在一起，形成一个"口"字形的结构。经过数百年的营建，北京四合院从平面布局到内部结构、细部装修都形成了京师特有的京味风格。

北京正规四合院一般以东西方向的胡同而坐北朝南，基本形制是分居四面的北房（正房）、南房（倒座房）和东、西厢房，四周再围以高墙形成四合，开一门。大门辟于宅院东南角"巽"位。房间总数一般是北房3正2耳5间，东、西房各3间，南屋不算大门4间，连大门洞、垂花门共17间。如以每间$11\sim12m^2$计算，全部面积约$200m^2$。

四合院由正房（北房）、倒座（南座）、东厢房和西厢房四座房屋四面围合，形成一个"口"字形，里面是一个中心庭院，所以这种院落式民居被称为四合院。

首先，北京四合院的中心庭院从平面上看基本为一个正方形，其他地区的民居有些就不是这样。譬如山西、陕西一带的四合院民居，院落是一个南北长而东西窄的纵长方形，而江南等地的四合院，庭院又多为东西长而南北窄的横长方形。

其次，北京四合院的东、西、南、北四个方向的房屋各自独立，东西厢房与正房、倒座的建筑本身并不连接，而且正房、厢房、倒座等所有房屋都为一层，没有楼房，连接这些房屋的只是转角处的游廊。这样，北京四合院从空中鸟瞰，就像是四座小盒子围合一个院落。而南方许多地区的四合院，四面的房屋多为楼房，而且在庭院的四个拐角处，房屋相连，东西、南北四面房屋并不独立存在了。所以南方人将庭院称为"天井"，可见江南庭院之小，有如一"井"。

再者，北京四合院中间是庭院，院落宽敞，庭院中植树栽花，配备水缸饲养金鱼，是四合院布局的中心，也是人们穿行、采光、通风、纳凉、休息、家务劳动的场所。四合院是封闭式的住宅，对外只有一个街门，关起门来自成天地，具有很强的私密性，非常适合独家居住。院内，四面房子都向院落方向开门，一家人在里面和和美美，其乐融融。由于院落宽敞，可在院内植树栽花，饲鸟养鱼，叠石造景。居住者不仅享有舒适的住房，还可分享大自然赐予的一片美好天地。

（3）北京四合院的细部设计

四合院的檩、柱、梁、槛、椽以及门窗、隔扇等均为木制，木制房构架周围则以砖砌墙。梁柱门窗及檐口椽头都要油漆彩画，虽然没有宫廷苑囿那样金碧辉煌，但也是色彩缤纷。墙习惯用磨砖、碎砖垒墙，所谓"北京城有三宝……烂砖头垒墙墙不倒"。屋瓦大多用青板瓦，正反互扣，檐前装滴水。或者不铺瓦，全用青灰抹顶，称"灰棚"。

①大门。四合院的大门一般占一间房的面积，其零配件相当复杂，仅营造名称就有门楼、门洞、大门（门扇）、门框、腰枋、塞余板、走马板、门枕、连槛、门槛、门簪、大边、抹头、穿带、门心板、门钹、插关、兽面、门钉、门联等，四合院的大门就由这些零部件组成。大门一般是油黑大门，可加红油黑字的对联。进了大门还有垂花门、月亮门等。垂花门是四合院内最华丽的装饰门，称"垂花"是因此门外檐用牌楼作法，作用是分隔里外院，门外是客厅、门房、车房马号等"外宅"，门内是主要起居的卧室"内宅"。没有垂花门则可用月亮门分隔内外宅。垂花门油漆得十分漂亮，檐口椽头椽子油成蓝绿色，望木油成红色，圆椽头油成蓝白黑相套如晕圈之宝珠图案，方椽头则是蓝底子金万字绞或菱花图案。前檐正面中心锦纹、花卉、博古等，两边倒垂的垂莲柱头根据所雕花纹更是油漆得五彩缤纷。四合院的雕饰图案以

各种吉祥图案为主,如以蝙蝠、寿字组成的"福寿双全",以插月季的花瓶寓意"四季平安",还有"子孙万代"、"岁寒三友"、"玉棠富贵"、"福禄寿喜"等,展示了老北京人对美好生活的向往。

②窗户和槛墙。窗户和槛墙都嵌在上槛(无下槛)及左右抱柱中间的大框子里,上扇都可支起,下扇一般固定。冬季糊窗多用高丽纸或者玻璃纸,自内视外则明,自外视内则暗,既防止寒气内侵,又能保持室内光线充足。夏季糊窗用纱或冷布,这是京南各县用木同织出的窗纱,似布而又非布,可透风透气,解除室内暑热。冷布外面加幅纸,白天卷起,夜晚放下,因此又称"卷窗"。有的人家则采用上支下摘的窗户。

③门帘。北京冬季和春季风沙较多,居民住宅多用门帘。一般人家,冬季要挂有夹板的棉门帘,春、秋要挂有夹板的夹门帘,夏季要挂有夹板的竹门帘。贫苦人家则可用稻草帘或破毡帘。门帘可吊起,上、中、下三部分装夹板的目的是为增加重量,以免得被风掀起。后来,门帘被风门所取代,但夏天仍然用竹帘,凉快透亮而实用。

④顶棚。四合院的顶棚都是用高粱秆作架子,外面糊纸。北京糊顶棚是一门技术,四合院内,由顶棚到墙壁、窗帘、窗户全部用白纸裱糊,称之"四白到底"。普通人家几年裱一次,有钱人家则是"一年四易"。

⑤采暖。北京冬季非常寒冷,四合院内的居民均睡火炕,炕前一个陷入地下的煤炉,炉中生火。土炕内空,火进入炕洞,炕床便被烤热,人睡热炕上,顿觉暖融融的。

室内取暖多用火炉,火炉以质地可分为泥、铁、铜三种,泥炉以北京出产的锅盔木制造,透热力极强,轻而易搬,富贵之家常常备有几个炉子。一般人家常用炕前炉火做饭煮菜,不另烧火灶,所谓"锅台连着炉",生活起居很难分开。炉子可将火封住,因此常常是经年不熄,以备不时之需。如果熄灭,则以干柴、木炭燃之,家庭主妇每天早晨起床就将炉子提至屋外(为防煤气中毒)生火,成为北京一景。

⑥排水。四合院内生活用水的排泄多采用渗坑的形式,俗称"渗井"、"渗沟"。四合院内一般不设厕所,厕所多设于胡同之中,称"官茅房"。

⑦绿化。北京四合院讲究绿化,院内种树栽花,确是花木扶疏,幽雅宜人。老北京爱种的花有丁香、海棠、榆叶梅、山桃花等,树多是枣树、槐树。花草除栽种外,还可盆栽、水养。盆栽花木最常见的是石榴树、金桂、银桂、杜鹃、栀子等,种石榴取石榴"多子"之兆。至于阶前花圃中的草茉莉、凤仙花、牵牛花、扁豆花,更是四合院的家常美景。清代有句俗语形容四合院内的生活:"天棚、鱼缸、石榴树、老爷、小姐、胖丫头",可以说是四合院生活比较典型的写照。

7.2.4 "福建土楼"的保护与利用初探

福建土楼,自从20世纪60年代被误以为是"类似于核反应堆的东西"以来,便以它独特和神秘引起了世人的瞩目。当海内外游客踏上山明水秀的闽西南大地,发现曾被误以为"核反应堆"的建筑原来是种类繁多、风格迥异、结构奇巧、规模宏大、功能齐全、内涵丰富的福建西南部山区土楼民居时,这如同一颗颗璀璨的明珠镶嵌在青山绿水之间,似从天而降的飞碟、地上冒出来的巨大蘑菇，无不令人叫绝。当国内外专家学者被"福建土楼"雄浑质朴的造型艺术、玄妙精巧的土木结构、美轮美奂的内部装饰、积淀丰富的文化内涵、聚族而居的遗风习俗、淳朴敦厚的民情风范所深深吸引时，无不为中外建筑史上的这一奇迹而惊叹！称其为"神秘的东方古城堡"、"世界上独一无二的神话般的山区民居建筑"。在各级政府的积极组织和广大群众热情支持下，经过很多专家、学者的努力探索，整合了以两市(漳州、龙岩)三县(南靖、华安、永定)等土楼和土楼群为代表的"福建土楼"，历时八年多，终于被联合国教科文组织列入《世界遗产名录》，这是福建人民的骄傲，也是中国人民的骄傲，作为一位闽籍的民居建筑研究工作者，我也为之感到自豪。虽然对"福建土楼"尚缺乏深入研究，但出于对新农村建设的关注、对传统民居建筑研究的热爱和对土楼保护的热情，仅就"福建土楼"的保护与利用，谈点粗浅的意见，旨在抛砖引玉。图7-42～图7-45是部分福建土楼的英姿。

图7-42　南靖田螺坑土楼群

图7-43　龙岩新罗区适中典常楼

图7-44　华安大地土楼群二宜楼

(1)土楼的保护

　　不管是在兵荒马乱、民不聊生的时候，或在宗法观念影响下，社会相对稳定的时期。"福建土楼"以其固若金汤的防御功能、展现亲情的聚族而居，一座土楼就是一个小社会，这是维系家族繁衍发展的一种很好的居住形式，是一种特定历史时期的社会文化现象。"福建土楼"以其深邃的造型思想、巧夺天工的奇巧造艺和建筑美学的精妙意境来反映人们公认的价值体

图7-45　永定振成楼内景

系，是中华民族优秀文化的载体，是不朽的民族精神的表现。

　　"福建土楼"具有极高的历史价值、艺术价值和科学价值，是全人类共同宝贵的历史文化遗产。保护好"福建土楼"，对于传承中华民族的优秀文化、弘扬和培育民族精神、增强民族自豪感和凝聚力、传播科学文化知识、保护人类文化多样性，都具有无可替代的意义和作用，是后人义不容辞的历史使命。但是随着时代的发展，在农业文明向现代工业文明社会的发展历史进程中，社会的安定、宗法观念的淡薄，带来了人们思想变化和精神意识的一系列相应变化，土楼这种曾经是普遍的福建西南山区民居模式，已失去了其存在的基础要素，注定会成为追忆陈迹的人类历史遗产。历史的经验证明，土楼里有没有人居住情况不大一样。有人居住，人气旺盛，木构件经常可以得到细心呵护不容易腐烂、破损；反之，如若人气大不如前或所剩无几、或人去楼空，即必然会造成无人管护、长年失修，即使进行经常维护也会因为没有了原住民，便会使原本鲜活的文物变成缺乏人气的死文物，导致丧失了保护的意义。于是，保护土楼这一宝贵的历史文化遗产，也必将成为申遗成功后一个迫切的新任务和亟待解决的新课题。

　　因此，必须抓紧做好土楼的保护规划，在土楼的保护规划中，最为根本的一条就是必须采取有效措施，努力留住原住民。只有留住原住民，方能保护好土楼，保护好土楼的历史文化。此外，在原有研究的基础上，深入开展土楼的文化研究、强化对土楼和土楼群周边的环境保护、确定土楼保护的有效技术措施、解决好传统与现代的有机结合、制订激发土楼原住民保护热情和资金投入的政策措施、编制土楼保护与新区建设的设计等。

（2）土楼的利用

　　我国传统民居聚落的规划布局，讲究"境态的藏风聚气，形态的礼乐秩序，势态的形态并重，动态的静动互释，心态的厌胜辟邪等。"十分重视人与自然的协调，强调人与自然融为一体。在处理居住环境与环境的关系时，注意巧妙地利用自然形成"天趣"，对外相对封闭，内部却极富亲和力和凝聚力。以适应人们居住生活、生存、发展的物质和心理需求。"福建土楼"充分展现了我国传统民居建筑文化的魅力，不管是单体拔地而起，岿然矗立；或聚集成群，蔚为壮观。有的依山临溪，错落有致；有的平地突兀，气宇轩昂；有的大如宫殿府第，雄伟壮丽；有的玲珑精致，巧如碧玉；有的如彩凤展翅，华丽秀美；有的如猛虎雄踞，气势不凡；有的斑驳褶皱，尽显沧桑；有的光滑细腻，风流倜傥；有的装饰考究，卓尔不群；有的自然随意，率性潇洒。但这些土楼都与蓝天、碧水、山川、绿树、田野、阡陌、炊烟、牧畜等元素相辉映，浑然天成，构成了集山、水、田、宅为一体的一幅天地人相和谐、精气神相统一的美丽画卷。

"福建土楼"由于贴近自然，村落与田野融为一体，展现了良好的生态环境、秀丽的田园风光和务实的循环经济；尊奉祖先，聚族而居的遗风造就了优秀的历史文化、淳朴的乡风民俗、深挚的伦理道德和密切的邻里关系。这种"清雅之地"，正是那些随着经济的发展、社会生活节奏加快、长期生活在枯燥城市生活的现代人所追求回归自然、返璞归真的理想所在。"福建土楼"必然成为众人观光旅游的向往选择。按照《保护世界文化与自然遗产公约》的有关规定，珍贵的文化遗产有着向公众进行展示的要求。因此，利用土楼开发旅游产业，也就成为促进地方社会经济发展和土楼保护的有效途径。"福建土楼"申遗成功，更引起国内外众多游客的兴趣，土楼的旅游观光热潮正在兴起。但遗憾的是，众多旅游者来去匆匆，土楼旅游虽然能够吸引游客，但尚未能做到留住来客和招揽回头客，因此也就尚未能充分发挥土楼应有的作用。为此，在土楼的旅游产业开发中，为避免粗放型的无序发展和超容量开发。应根据土楼保护优先的原则，做好开发富有创意性土楼文化特色的旅游产业规划。

（3）土楼与土楼文化

一座座土楼、一簇簇土楼群，都如同是根植于山村原野上的一朵朵灿烂的鲜花。每一座土楼都是土楼的住民在这山村原野上努力耕耘所得的成果，土楼是红花，原野是绿叶。因此，对土楼的研究，除了土楼建筑本体和群体外，尚应该包涵着山村民居聚落集山、水、田、宅为一体，以及由此而形成的聚族而居和淳朴民风等的土楼文化。要促使旅游产业的健康发展、促进地方经济的发展和加大土楼的保护力度，就必须充分利用土楼这一山村原生态民居的神奇，盘活山村大地的山、水、田、宅资源，开发富有创意性的生态农业文化，借助生态农业文化所具备的环保、经济、传承、和谐、复合、教育和观光度假等功能，激活土楼文化，促进山村经济发展，让土楼的原住民富裕起来，积累土楼保护资金，进而激发保护土楼的热情。因此，创意性生态农业文化的开发就必须将山村的每一项产业活动都作为土楼文化的有机组成部分，进行创意性文化的开发，使其成为产业观光寓教于乐的景点，并把产业规划与山村生态旅游的休闲度假观光产业开发紧密结合，相辅相成。促使山村产业景观化，景观产业化。在突出土楼文化的同时，把山村优美环境的自然风光及人文景观完美结合。使得纯净的山村气息、古朴的民情风俗、明媚的青翠山色和清澈的山泉溪流，都能够让游人在领悟土楼文化神奇中，饱览秀丽的山水美景、体验丰富的山村生活、品尝地道的农家菜肴。让长期困扰在钢筋混凝土丛林中饱受热浪煎熬、吸满尘土的城市人满足回归自然、返璞归真的情思，获得净化心灵、陶冶情操的感受。创建以土楼和土楼文化吸引游客，并能留住来客和招揽回头客的休闲度假观光的特色山村，从而为山村的可持续发展、为土楼和土楼文化的保护提供可靠的保证。

7.3　深入基层，服务农村

在农村住宅建设中普遍存在的问题可以概括为：设计理念陈旧、建筑材料原始、建造技术落后、组织管理不善等。这其中最根本的问题是设计理念陈旧。

针对这些问题，为了推进新农村的住宅建设，各地纷纷提出了"高起点规划、高标准建设、高水平管理"的要求，并且都十分积极和认真地组织试点，形势十分喜人。但是如何落实、怎样实现呢？怎样把这一要求变成现实呢？即缺乏研究，因此很难深入。江苏某地的一个村庄建设规划时，由领导、群众和设计人员共同研究，提出了要把新村建设成"远看像公园，近看似花园，细看是乐园"的具体目标。这样就为规划设计的深化提出了明确的要求，效果很好，是值得借鉴的。对于什么是新农村住宅，怎样才能建好新农村住宅呢？由于缺乏科学和系统的深入研究，因而出现了各唱各的调，诸如：有的认为农村住宅就要盖别墅；有的认为农村住宅就是别墅加鸡窝；有的即认为只要有车库的住宅就不是农村住宅，只能是别墅；还有的认为只要是农村住宅就必须设有猪圈和鸡窝等，各说不一，难于评价，也难于统一。

通过研究和实践发现，只有改变重住宅轻环境、重面积轻质量、重房子轻设施、重现实轻科技、重近期轻远期、重现代轻传统和重建设轻管理等小农经济的旧观念。树立以人为本的思想，注重经济效益，增强科学意识、环境意识、公众意识、超前意识和精品意识，才能用科学的态度和发展的观念来理解和建设社会主义新农村。

多年来的经验教训，已促使各级领导和群众大大地增强了规划设计意识，当前要搞好新农村的住宅建设，摆在我们面前紧迫的关键任务就是必须提高新农村住宅的设计水平，才能适应发展的需要。

在新农村住宅设计中，应该努力做到：不能只用城市的生活方式来进行设计；不能只用现在的观念来进行设计；不能只用以"我"为本的观点来进行设计（要深入群众、熟悉群众、理解群众和尊重群众，改变自"我"）；不能只用简陋的技术来进行设计；不能只用模式化进行设计。

只有更新观念，才能做好农村住宅的设计。

由于长期以来忽视对农村住宅规划设计的研究，农村住宅设计方法严重滞后于城市住宅。因此，在新农村住宅设计中更要树立"以人为本"的设计思想，使住宅设计贴近农村的自然环境和广大农民，创造出具有新农村特色的住宅设计精品。

7.3.1　积极投入，改进工作方法

专业设计人员要积极投入到新农村中去，并改进工作方法。

由于长期以来的城市偏向，建筑师很少涉及农村。过去，没有一个农民会想到应请一位建筑师为其设计家园，而建筑师也不会想到这一点。僵化的农村规划设计机制和落后的管理模式已经严重滞后于农村住宅建设发展的需要。

针对这种情况，我们必须认识到，一方面专业人员要树立重视农村住宅规划设计的观念。不论是建筑师、规划师或是其他专业人员，应该积极投入到农村住宅规划设计的研究和实践工作中，置身于农村之中，应该使用自己的知识与广大农民群众相结合改进设计方法，包括：进行公众环境教育，激发环境意识，鼓励农民参与；开展社会调查，了解农民的需求；建立有效的农民组织和完善的专业技术服务机构；组织农民参观；使用模型、幻灯片等帮助农民了解设计；鼓励农民参与住区建造。

(1)重视在新农村住宅设计中的调查研究

由于广大农村地区地理气候、生活习俗、文化传统和经济发展水平差别很大，设计人员应积极主动地深入农村，置身于农村之中，设计前，进行实态调查和走访农户对象，以充分了解农民居住生活、生产状况和要求；竣工入住后，进行回访，以不断完善设计思路与工作方法。

(2)重视多专业的配合

反映住宅标准高低的指标除了面积指标外，居住的舒适度和设备水平同样十分重要，并且随着新农村住宅的不断发展进步，其重要作用表现得越来越明显。人们在解决了住宅的有无问题之后，就会普遍关注家居环境和建筑设备的优劣。使得住宅中涉及物理环境的日照、采光、通风、保温、隔热、隔声等与住宅的舒适度密切相关的问题日益得到重视。现代新农村住宅是一个有机体，其标准的高低从一个有机体的整体来体现。因此在设计过程中各专业必须做好相互综合协调。并应提倡设计人员一专多能，以便简化设计程序，适应农村住宅设计的特点。

(3)适应农村居住生活、生产方式的变化

随着农村经济的飞速发展，新的生活、生产方式也不断出现，在新农村住宅设计中应密切关注这些变化并进行超前考虑。例如，在老龄化社会来临之时考虑农村老人的居住问题。由于我国农村的居住传统，分家后两代人一般仍生活在一起。应考虑在住宅一层设一间老人卧室。也可将两代人的房间分层布置，青年人住上层，老年人住底层，既便于相互照顾，又不互相干扰，可用两套厨房和卫生间。楼上设年轻人厨房，楼下设老人厨房。上下对齐，共用一个上下水管道系统。保持各自家庭的独立和完整。通过楼梯的巧妙设计，也可以满足两代人对独立和联系的不同程度的要求。

7.3.2 重视公众参与，促进农村持续发展

在当前新农村住宅规划建设中，农民普遍只关注自家的住房，却无意或无力参与农村整体环境的营造，无法保障农村的持续健康发展。在新农村的建设中，农民不仅要关注自身住宅的建设，还应该接受营造环境的责任，愿意投入时间、精力与资源，学习如何改善环境。同时，必须建立农村组织，引导和教育农民参与。

(1)重视公众参与是公众利益获得保障的前提和基础

以公众利益为价值取向的规划精神，首先包含着个人权利被承认和被尊重的思想。村民拥有得到高质量生活环境的自然权利，进而拥有参与影响自身环境变化的农村住宅规划设计与决策的权利，这是新农村住宅规划设计中公众利益获得保障的前提和基础。对公众利益的

保障，就意味着对个人利益的适度限制，以适应社会持续发展的要求，但不是摒弃个人权利和个人利益。因此规划应通过多种方式征询村民的意见，并在规划设计中设身处地从村民的角度考虑未来农村发展的策略及其对服务设施的需求，以取得村民对规划设计的支持。

农村建设的突出特点是：由下而上，针对特定农村的特定问题，提出特定的解答。由于农村的人造环境极为复杂，历史和传统沉淀较多，而近年来发展又十分迅速，变化很大，对其中情况真正了解的人是使用者——村民，只有他们才是真正的专家，因而它探索的重点便是如何促使村民参与自我环境的塑造与经营。我国农村自由性建房传统也决定了农村住宅必须依赖于村民的积极参与。将住户作为使用的主体，吸收到设计与建设中来，让住户充分发挥起能动作用将给新农村的住宅建设带来新的活力。

（2）公众参与是一个教育过程，能促进聚落环境的长久改善

公众参与强调的是与公众一起设计，而不是为他们设计。由于农村住宅特有的自由性和自发性建造的特点，这一设计过程更是一个教育过程，不管是对住户，还是对设计者，不存在可替换的真实体验。正如弗里德曼所说："设计过程有一部分是教育过程，设计者（规划者）从群众中学习社会文脉和价值观，而群众则从设计者身上学习技术和管理，设计者可以与群众一起发展方案"。

村民参与设计的最终目的是建立一个农村自主的聚落环境，并能长久地进行聚落环境的改善。在村民生活环境建设中，村民能够积极地参与建设过程，才是一个既简单而又持续长久的农村环境建设方式。村民参与的过程不但可以提供环境经营与管理的机会，也可通过对农村发展过程的共同思考，来强化文化认同与社区自主性发展，利于日后文化维护与经营管理。

在新农村发展规划制定中，所有的集体和个人都以力所能及的方式参与其中。村民参与有多种途径，比如组建各种工作委员会、村民集会、村落更新对话、举办讨论展览等，通过与村民的交流，使专业人员的智慧和技巧与村民的切实要求与愿望结合一体，这样的规划、设计是开放的、民主的，村民对规划、设计的思想、进展乃至实施都能心中有数。它具有很大的透明度，反映村民的愿望，而不是专业人员单方面的冥思苦想。这种在专家、村民及主管部门公共协作下产生的规划、设计最大限度地保障村落未来的健康发展。

参考文献

[1] 骆中钊编著．现代村镇住宅图集．北京：中国电力出版社，2001．

[2] 骆中钊编著．小城镇现代住宅设计．北京：中国电力出版社，2006．

[3] 骆中钊，刘泉金编著．破土而出的瑰丽家园．福州：海潮摄影艺术出版社，2003．

[4] 骆中钊，骆伟，陈雄超著．小城镇住宅小区规划设计案例．北京：化学工业出版社，2005．

[5] 骆中钊，张惠芳，宋煜编著．新农村住宅设计理念．北京：中国社会出版社，2008．

[6] 骆中钊 编著．风水学与现代家居．北京：中国城市出版社，2006．

[7] 骆中钊，张仪彬，胡文贤 编著．家居装饰设计．北京：化学工业出版社，2006．

[8] 高潮主编．中国历史文化城镇保护与居民研究．北京：研究出版社，2002．

[9] 李长杰主编．中国传统民居与文化(三)．北京：中国建筑工业出版社，1995．

[10] 彭一刚．传统村镇聚落景观分析．北京：中国建筑工业出版社，1992．